과일 케이크 레시피 디저트 공방 atelier h

아틀리에 에이치(atelier h)는
제가 운영하는 디저트 공방의 이름이지만,
종종 디저트 가게로 변신하기도 합니다.

디저트 가게 아틀리에 에이치의 추천 메뉴는
　제철 과일로 만든 쇼트케이크,
　제철 과일로 만든 롤케이크,
　제철 과일로 만든 타르트와 파이,
　제철 과일로 만든 파운드케이크입니다.

제철을 맞이한 맛있는 과일을 듬뿍 넣어
과일 본연의 맛과 싱싱한 식감을 잘 살린
깔끔한 디자인의 디저트를 정성껏 만들고 있습니다.
소중한 사람과 둘러앉아 먹고 싶어질 만한 케이크,
한 입 먹으면 기분이 사르르 풀릴 만한 케이크를
진심을 담아 만듭니다.

조금 거창하게 들릴 수도 있겠지만,
언젠가는 그런 디저트 가게를 열 수 있기를 바라는 마음으로
날마다 계절별 제철 과일을 연구하며
디저트를 만들어 왔습니다.

디저트 공방인 아틀리에 에이치에서는
계절마다 새로운 디저트를 소개하고 있지만,
디저트 가게인 아틀리에 에이치에서는
12개월마다 다양한 케이크를
해마다 조금씩 변화를 주면서 고객의 주문에 대응해 왔습니다.

아틀리에 에이치라는 이름으로 운영되는 디저트 공방의 수강생들과
디저트 가게를 찾아 주시는 손님들에게
가장 인기가 많은 과일과 케이크의 레시피를 이 책에 담았습니다.

'수제 케이크답게 자연스러우면서도 화려한 케이크를 소개하고 싶다.'
'제철 과일을 듬뿍 넣어 계절에 어울리는 맛을 내고 싶다.'
'입에 넣는 순간, 미소가 절로 지어질 만한 디저트를 만들고 싶다.'

그런 마음을 담아 각각의 레시피를 고안해 냈습니다.

이 책을 집어 드신 분들이
과일을 보며 가슴 설렜으면 좋겠습니다.
또 생일이나 축하 파티, 즐거운 모임에 가져갈 선물용 케이크나
주말에 먹을 케이크를 만들 때, 이 책이 도움이 된다면 더욱 기쁠 것입니다.

혼마 세츠코(本間節子)

Contents

- 1큰술은 15ml, 1작은술은 5ml입니다.
- 달걀은 L 사이즈(껍질을 제외한 전란의 무게 55~60g)를 사용합니다.
- 설탕은 사탕무 그래뉼러당, 첨채당(비트 슈거), 사탕수수 원당, 와산본 설탕(일본의 전통 세립 설탕), 분당 등 각 디저트에 맞는 설탕을 사용합니다. 해당 설탕을 구할 수 없을 때는 다른 설탕으로 대체할 수도 있습니다(132쪽 참조).
- 박력분, 강력분, 전립분, 쌀가루는 이 책에선 일본산 제품을 사용하지만 한국산 제품으로 대체해도 무방합니다.
- 레몬처럼 껍질을 사용하는 과일은 유기농 과일을 사용합니다. (수입 레몬은 농약을 많이 사용하고 왁스 처리도 되어 있어 되도록 유기농 과일을 사용하는 것이 좋습니다 - 옮긴이 주) 껍질을 갈아서 사용해야 할 때는 표면만 갈아서 쓰세요.
- 생크림은 동물성 생크림을 사용합니다.
- 푸딩 컵은 오븐 사용이 가능한 제품을 사용합니다.
- 책에 표시된 오븐의 가열 온도와 시간은 가스 오븐을 기준으로 합니다. 가지고 계신 오븐에 맞춰 온도와 시간을 조절하기 바랍니다. 전기 오븐은 온도를 10°C 높여 주세요.
- 전자레인지의 가열 시간은 600W짜리 전자레인지를 기준으로 합니다. 500W짜리 전자레인지를 사용할 때는 시간을 1.2배로 늘려 주세요.
- 오른쪽 페이지에 각각 등장하는 기호는 각 장의 스폰지케이크, 롤케이크, 타르트&파이, 파운드케이크, 콩포트&잼을 의미합니다.

5 COMPOTE & JAM
제철 과일로 만든 콩포트와 잼

Summer

Autumn

Winter

Seasonal Fruit Calendar 시기별 제철 과일

해당 과일이 일 년 중
가장 맛있는 철을 표시했습니다.

	3월	4월	5월	6월	7월	8월	9월	10월	11월	12월	1월	2월
딸기	■	■	■		■	■				■	■	■
레몬	■										■	■
황금향										■		
금귤	■										■	■
유자										■		
자몽(캘리포니아산)		■	■									
영귤						■						
앵두				■	■							
포도(피오네 등)						■	■	■				
살구				■	■							
무화과						■	■	■				
망고(한국산)					■	■						
감								■	■			
멜론				■	■							
서양배(바틀렛)							■	■				
(라 프랑스)								■	■			
복숭아					■	■						
사과(홍옥)								■	■			
(부사)									■	■		
바나나		■	■	■	■	■						
밤							■	■	■			

• 피오네는 일본에서 거봉과 캐논 홀 머스캣 포도를 교배해서 개발한 품종으로, 열매가 크고 보라색을 띠며 씨가 없는 것이 특징이다.

• 바틀렛은 표주박 모양의 서양배 품종으로, 나무에서 완전히 익지 않아 녹색인 상태에서 미리 수확해 후숙해 먹는다.

• 라 프랑스는 1864년에 프랑스에서 발견된 품종으로, 비교적 둥근 모양을 하고 있다. 병충해와 기후의 영향을 많이 받는 품종이라 프랑스에서는 재배를 중단해 현재 일본에서만 재배되고 있다.

1

제철 과일로 만든 쇼트케이크

특별한 날을 위해 이제껏 가장 많이 만든 쇼트케이크입니다. 향긋한 제철 딸기로 꼭 한번 만들어 보세요.

딸기 쇼트케이크

재료

(지름이 15cm인 바닥 분리형 원형 케이크 팬 1개 분량)

공립법으로 만드는 스펀지케이크 반죽(플레인)

(공립법은 달걀의 흰자와 노른자를 분리하지 않고 거품을 내는 방법이다 - 옮긴이 주)

- 달걀…2개
- 사탕무 그래뉼러당…60g
- 박력분…60g
- 무염 버터…15g
- 현미유…10g

시럽

- 물…50ml
- 사탕무 그래뉼러당…20g
- 키르슈바서(Kirschwasser, 체리 증류주)
  …1작은술
- 딸기…1개
- 생크림(유지방 함유율 45~47%인 제품)…300ml
- 사탕무 그래뉼러당…20g
- 딸기…21개
- 식용 꽃(가능하면 딸기꽃)…적당량

준비

- 오븐을 160℃로 예열한다.
- (A)버터와 현미유를 합쳐 중탕으로 녹이고, 식지 않도록 데워 둔다.

스펀지케이크 반죽

1. 볼에 달걀을 깨뜨려 넣고, 핸드믹서기로 달걀을 풀어 준다.
2. 사탕무 그래뉼러당을 넣고 핸드믹서기의 휘퍼를 저속으로 돌려 섞다가 사탕무 그래뉼러당이 모두 녹으면 고속으로 돌려 거품을 낸다.
3. (B)반죽을 휘퍼로 떴을 때 형태가 뚜렷하게 남을 정도가 되면, 핸드믹서기를 저속에 맞추고 휘퍼를 볼 바닥에서 살짝 띄운 상태에서 돌려 곱게 섞는다.
4. 박력분을 체에 내려 볼에 넣고, (C)거품기로 반죽을 퍼 올리면서 가루를 골고루 섞는다.
5. 가루가 남지 않게 잘 섞이면 녹인 버터와 현미유를 넣고 (D)실리콘 주걱으로 섞는다.
6. (E)아무것도 바르지 않은 틀에 반죽을 붓고, 표면을 평평하게 다듬은 후, 160℃의 오븐에 25~30분간 굽는다.
7. 오븐 페이퍼를 깐 식힘망 위에 틀째로 거꾸로 뒤집어 식힌 다음, 한 김 식으면 랩을 씌워 냉장실에 넣어 차갑게 식힌다.

시럽

8. 스펀지케이크를 식히는 동안, 시럽을 만든다. 냄비에 물을 부어 불에 올린 후, 물이 끓어오르면 불을 끄고 사탕무 그래뉼러당과 키르슈바서를 넣는다.
9. 불을 다시 켜고 재료가 잘 섞이도록 저으면서 끓인다. 펄펄 끓으면 불에서 내려 한 김 식힌 후 용기에 옮겨 담고, (F)여기에 깨끗이 씻어 물기를 제거한 딸기를 갈아 넣는다. 냉장실에 넣어 식힌다.

케이크 만들기

10. 스펀지케이크를 꺼내어 (G)틀과 케이크 사이에 팔레트 나이프를 끼워 한 바퀴 빙 두른 다음, 틀을 거꾸로 뒤집어 측면 부분의 틀부터 먼저 제거한다. (H)바닥과 케이크 사이에 팔레트 나이프를 끼워 넣어 바닥을 떼어 낸다. (I)밑에서부터 2cm, 1.5cm, 1cm 두께로 케이크를 3장으로 자른다(40쪽 참조).
11. 딸기는 깨끗이 씻어 물기를 제거해 꼭지를 딴 후, 14개를 세로 방향으로 반으로 썬다.
12. 생크림에 사탕무 그래뉼러당을 넣고, 60% 휘핑한다(40쪽 참조). 그중에서 3분의 1 정도 되는 분량을 다른 볼에 옮겨 담아(코팅용) 냉장실에 넣어 차갑게 식힌다. 나머지는 80% 휘핑한다(샌드용).

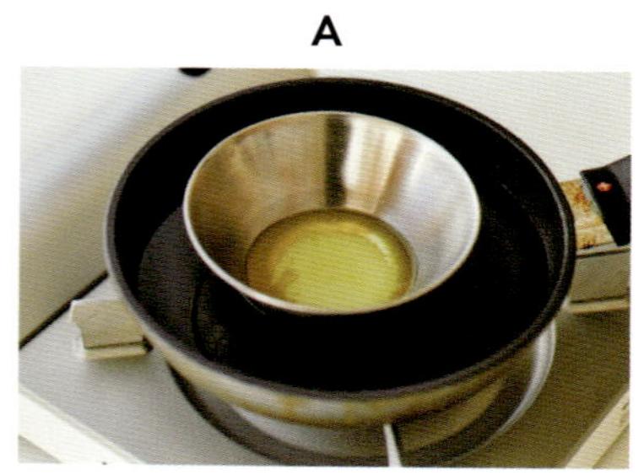

A

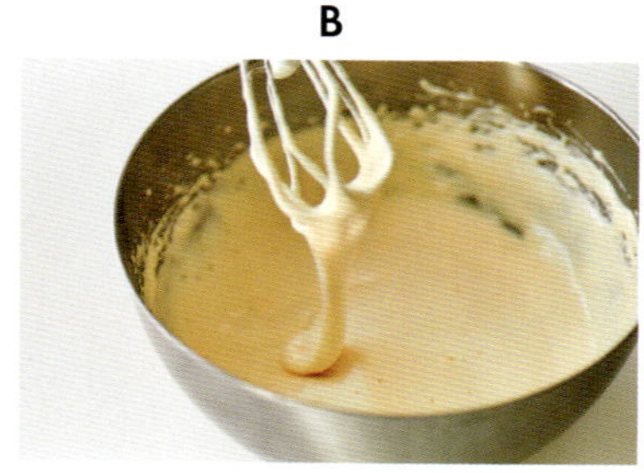

B

C

D

E

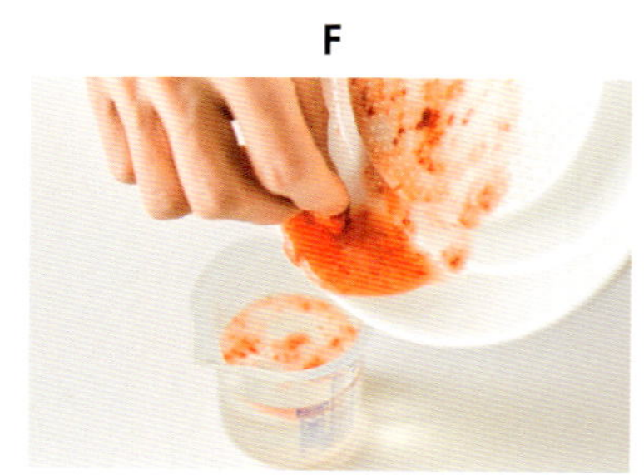

F

13 (J)맨 아래에 깔릴 스펀지케이크 시트 윗면
에 요리붓으로 시럽(이하 적당량)을 바르고,
(K)샌드용 크림(이하 적당량)을 팔레트 나이
프로 얇게 바른다. (L)반으로 자른 딸기의
절반 분량을 올리고, 크림을 얇게 바른다.

14 (M)가운데에 올라갈 스펀지케이크 시트의
아랫면에 시럽을 발라 그 위에 얹고, (N)13
의 과정을 반복한다.

15 맨 위에 올라갈 스펀지케이크 시트의 아랫
면에 시럽을 발라 그 위에 얹은 다음, 시트
가 잘 고정되도록 살짝 누른다. 윗면과 옆면
에 시럽을 바르고, (O)남은 크림을 전체에
골고루 바른다. 옆면에 나 있는 틈을 메우고,
표면을 고르게 한 후 냉장실에 넣는다.

16 코팅용으로 남겨 두었던 크림을 냉장실에서
꺼내 60% 휘핑된 상태로 만든 다음, 15의
윗면에 올리고, 팔레트 나이프로 매끄럽게
펴 바른다(41쪽 참조). 그대로 냉장실에서 넣
어 30분 이상 식힌다.

17 남은 딸기와 식용 꽃(없으면 생략 가능)으로
케이크 표면을 장식한다.

※ 원형 케이크 팬은 바닥이 분리되는 알루미늄 재질 혹
은 알루미늄 도금 제품을 사용하는 것이 좋다. 테프론
코팅 등이 되어 있는 제품은 반죽이 틀에 잘 밀착되지
않으므로 되도록 사용하지 않는 것이 좋다.

G	**H**	**I**
J	**K**	**L**
M	**N**	**O**

잘 익은 바나나를 케이크 시트 사이에 듬뿍 넣고, 홍차 크림으로 장식했습니다.

바나나 홍차 쇼트케이크

재료

(지름이 15cm인 바닥 분리형 원형 케이크 팬 1개 분량)

**별립법으로 만드는 쌀가루 스펀지케이크 반죽
(플레인)**

(별립법은 흰자와 노른자를 분리하여 흰자로 머랭을 만
든 다음 다시 합치는 방법이다 - 옮긴이 주)

| 달걀노른자...2개 분량
| 첨채당...20g
| 현미유...20g
| 플레인 요거트...10g
| 달걀흰자...2개 분량
| 첨채당...40g
| 쌀가루...60g

시럽

| 물...50ml
| 첨채당...20g
| 럼주...1작은술
| 생크림(유지방 함유율이 45~47%인 제품)...300ml
| 첨채당...20g

홍차액

| 홍차 잎(얼그레이)...8g
| ※ 홍차는 잎이 큰 것을 사용
| 뜨거운 물...50ml
| 바나나...2와 2분의 1개 분량

준비

• 63쪽의 1을 참조해 홍차액을 만든 다음, 20ml를 계량
  해서 식힌다.
• 오븐을 160°C로 예열한다.
• 현미유에 요거트를 넣어 섞는다.
• 짤주머니에 별 모양 깍지를 끼우고, 컵 등에 넣어 비닐
  윗부분을 뒤집어 놓는다(41쪽 참조).

스펀지케이크 반죽

1 22쪽의 별립법 스펀지케이크 반죽을 참조
해서 만드는데(4는 건너뛴다), 이때 사탕무
그래뉼러당은 첨채당으로, 박력분은 쌀가루
로 바꾼다. 달걀노른자에 첨채당 20g을 넣
고 뽀얀 색을 띨 때까지 거품을 낸 다음, **(A)**
여기에 현미유와 요거트를 섞은 것을 넣고,
머랭과 합친 다음, 쌀가루를 체에 내려서 넣
는다. 구운 스펀지케이크가 식으면 맨 아래
에서부터 2cm, 1.5cm, 1cm 두께로 썰어
케이크 시트 3장을 만든다(40쪽 참조).

시럽

2 19쪽을 참조해서 시럽을 만든다. 사탕무 그
래뉼러당을 첨채당으로, 키르슈바서를 럼주
로 바꾼다.

케이크 만들기

3 생크림에 첨채당과 홍차액을 넣고, 60% 휘
핑한다(40쪽 참조). 절반 분량을 다른 볼에
옮겨 담아(코팅용) 냉장실에 넣어 식힌다. 나
머지는 80% 휘핑한다(샌드용).

4 **(B)**바나나는 3~4등분한 후, 세로로 반으로
자른다.

5 맨 아래에 깔릴 스펀지케이크 윗면에 요리
붓으로 시럽(이하 적당량)을 바르고, 샌드용
크림(이하 적당량)을 팔레트 나이프로 얇게
바른다. **(C)**바나나의 절반 분량을 케이크
시트의 둥근 면에 맞춰 바깥쪽에서부터 가
지런히 올린 다음(가운데 부분은 비워 둔다), 틈
을 메우듯이 크림을 바른다.

6 가운데에 올릴 스펀지케이크 시트의 아랫면
에 시럽을 발라 그 위에 얹고, 5의 과정을 반
복한다.

7 **(D)**맨 위에 올릴 스펀지케이크 시트의 아랫
면에 시럽을 발라 그 위에 얹고, 시트가 잘
고정되도록 살짝 누른 다음, 윗면과 옆면에
시럽을 바른다. 남은 크림을 전체에 골고루
발라 옆면의 틈을 메우고, 표면을 고르게 한
뒤 냉장실에 넣는다.

8 남겨 두었던 코팅용 크림을 냉장실에서 꺼
내어 60% 휘핑된 상태로 만들어 7의 윗면
에 올린 다음, 팔레트 나이프로 매끄럽게
펴 바른다(41쪽 참조). 그대로 냉장실에 넣어
30분 이상 식힌다.

9 바르다가 흘린 크림과 남은 크림을 모아
80% 휘핑한 다음, **(E·F)**짤주머니에 넣어
케이크 윗면에 격자무늬로 짠다.

※ 쌀가루를 사용하면 결이 곱고 부드러워 입 안에서 잘
녹는 스펀지케이크가 만들어진다.

A

B

C

D

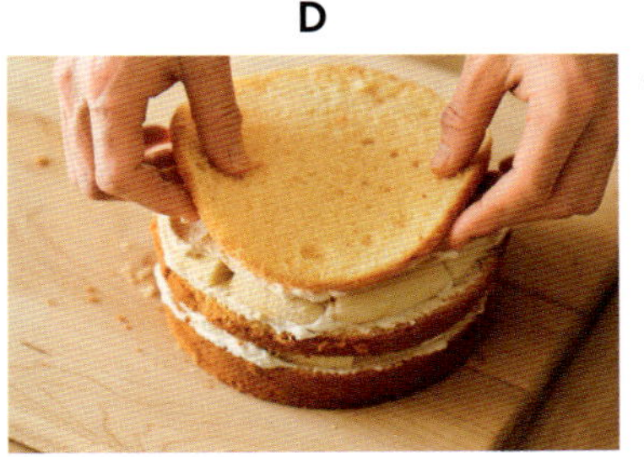

E

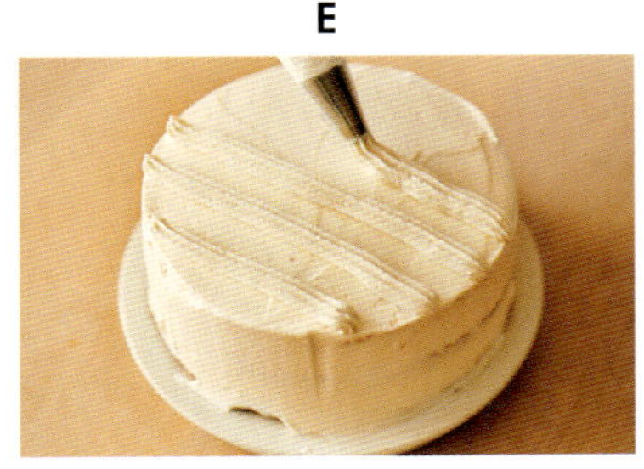

F

봄철의 상큼한 자몽을 말차 향이 은은하게 풍기는 스펀지케이크에 더했습니다.

자몽 말차 쇼트케이크

재료

(지름이 15cm인 바닥 분리형 원형 케이크 팬 1개 분량)

별립법으로 만드는 스펀지케이크 반죽(말차맛)

달걀노른자…2개 분량

사탕무 그래뉴러당…20g

현미유…25g

달걀흰자…2개 분량

사탕무 그래뉴러당…40g

박력분…58g

말차…2g

시럽

물…50ml

사탕무 그래뉴러당…20g

오렌지 리큐어…1작은술

※ 키르슈바서를 사용해도 된다.

생크림(유지방 함유율이 45~47%인 제품)…300ml

플레인 요거트…30g

사탕무 그래뉴러당…30g

자몽…2개

사탕무 그래뉴러당…20g

준비

• 오븐을 160℃로 예열한다.

• 말차는 체에 두 번 내려 박력분과 섞는다.

• 짤주머니에 별 모양 깍지를 끼우고, 컵 등에 넣어 비닐 윗부분을 뒤집어 놓는다(41쪽 참조).

스펀지케이크 반죽

1 22쪽의 별립법 스펀지케이크 반죽을 참조해서 만드는데(4는 건너뛴다), 달걀노른자에 사탕무 그래뉴러당 20g을 넣고 뽀얀 색을 띨 때까지 거품을 낸 다음 현미유를 섞는다. 이를 머랭과 합치고 여기에 (A)말차와 박력분을 함께 체에 내려서 넣는다. 구운 스펀지케이크가 식으면 맨 아래에서부터 2cm, 1.5cm, 1cm 두께로 썰어 케이크 시트 3장을 만든다(40쪽 참조).

시럽

2 19쪽을 참조해서 시럽을 만드는데, 키르슈바서를 오렌지 리큐어로 바꿔 넣는다.

케이크 만들기

3 (B)자몽은 껍질을 겉껍질과 속껍질을 모두 벗기고 씨를 제거한다(겉껍질을 벗길 때 자몽의 흰색 속껍질을 두툼하게 남겨 놓아야 나중에 속껍질을 벗기기 쉽다). 속껍질을 벗긴 자몽 알맹이는 토핑용으로 쓸 4덩이만 따로 덜어 놓고, (C)나머지는 트레이에 담아 사탕무 그래뉴러당 20g을 뿌려 둔다. 토핑용과 샌드용 자몽 모두 랩을 씌워 냉장실에 넣어 차갑게 식힌다.

4 생크림에 플레인 요거트와 사탕무 그래뉴러당 30g을 넣고, 60% 휘핑한다(40쪽 참조).

절반 분량을 다른 볼에 옮겨 담아(코팅용) 냉장실에 넣어 식힌다. 나머지는 80% 휘핑한다(샌드용).

5 (D)맨 아래에 깔릴 스펀지케이크 윗면에 요리붓으로 시럽(이하 적당량)을 바르고, 샌드용 크림(이하 적당량)을 팔레트 나이프로 얇게 바른다. (E)3의 샌드용 자몽의 절반 분량을 케이크 시트의 둥근 면에 맞춰 바깥쪽에서부터 가지런히 올린 다음(가운데 부분은 비워 둔다), 틈을 메우듯이 크림을 바른다.

6 가운데에 올릴 스펀지케이크 시트의 아랫면에 시럽을 발라 그 위에 얹고, 5의 과정을 반복한다.

7 맨 위에 올릴 스펀지케이크 시트의 아랫면에 시럽을 발라 그 위에 얹고, 시트가 잘 고정되도록 살짝 누른 다음, 윗면과 옆면에 시럽을 바른다. 남은 크림을 전체에 골고루 발라 옆면의 틈을 메우고, 표면을 고르게 한 뒤 냉장실에 넣는다.

8 남겨 두었던 코팅용 크림을 냉장실에서 꺼내어 60% 휘핑된 상태로 만들어 7의 윗면에 올린 다음, 팔레트 나이프로 매끄럽게 펴 바른다(41쪽 참조). 그대로 냉장실에 넣어 30분 이상 식힌다.

9 바르다가 흘린 크림과 남은 크림을 모아 80% 휘핑한 다음, (F)짤주머니에 넣어 케이크 윗면에 짠다. 토핑용 자몽을 작게 썰어 그 위에 올린다.

A

B

C

D

E

F

앵두와 갓 수확한 복숭아. 이보다 더 귀엽고 맛있는 조합은 없을 것입니다.

앵두 복숭아 쇼트케이크

재료

(지름이 15cm인 바닥 분리형 원형 케이크 팬 1개 분량)

공립법으로 만드는 스펀지케이크 반죽(플레인)

- 달걀…2개
- 사탕무 그래뉼러당…60g
- 박력분…60g
- 무염 버터…15g
- 현미유…10g

시럽

- 물…50ml
- 사탕무 그래뉼러당…20g
- 키르슈바서…1작은술.

생크림(유지방 함유율이 45~47%인 제품)…300ml

사탕무 그래뉼러당…20g

앵두…30알

(이 책에 사용된 앵두는 일본어로 '사쿠란보'라 불리는 일본산 앵두로, 특히 '사토니시키'라는 품종이 유명하다 - 옮긴이 주)

※ 샌드용으로 15알, 토핑용으로 15알 정도를 사용한다.

복숭아…1개

준비

- 오븐을 160°C로 예열한다.
- 버터와 현미유를 합쳐 중탕으로 녹이고, 식지 않도록 데워 둔다(12쪽의 A 참조).
- 짤주머니 2개에 각각 원형 깍지와 별 모양 깍지를 끼우고(깍지가 한 종류밖에 없다면 하나로만 한다), 컵 등에 넣어 비닐 윗부분을 뒤집어 놓는다(41쪽 참조).

스펀지케이크 반죽

1 12쪽의 공립법 스펀지케이크 반죽을 참조해서 만든다. 구운 스펀지케이크가 식으면 맨 아래에서부터 3cm와 2cm 두께의 케이크 시트 2장이 나오게 썬다(40쪽 참조).

시럽

2 스펀지케이크를 식히는 동안, 시럽을 만든다. 냄비에 물을 부어 불에 올린 후, 물이 끓어오르면 불을 끄고 (A)사탕무 그래뉼러당과 키르슈바서를 넣는다.

3 불을 다시 켜고 재료가 잘 섞이도록 저으면서 끓인다. 펄펄 끓으면 불에서 내려 한 김 식힌 후 용기에 옮겨 담고, 냉장실에 넣어 식힌다.

케이크 만들기

4 앵두는 깨끗이 씻어 물기를 닦아 낸 후, 15알은 꼭지를 떼어 내고 가능하면 씨도 제거한다(샌드용). 복숭아는 반으로 잘라 한쪽은 껍질을 벗겨 반달 모양으로 썰고(샌드용), 나머지 절반은 껍질을 벗기지 않은 채로 한 입 크기로 썬다(토핑용).

※ 앵두의 씨를 제거할 때는 씨 제거기를 사용하거나 칼끝으로 도려낸다.

5 생크림에 사탕무 그래뉼러당을 넣고, 60% 휘핑한다(40쪽 참조). 절반 분량을 다른 볼에 옮겨 담아(코팅용) 냉장실에 넣어 차갑게 식힌다. 나머지는 80% 휘핑한다(샌드용).

6 아래에 깔릴 스펀지케이크 윗면에 요리붓으로 시럽(이하 적당량)을 바르고, 샌드용 크림(이하 적당량)을 팔레트 나이프로 얇게 바른다. (B)샌드용 앵두를 케이크 시트의 가장자리에 빙 두르고, (C)그 안쪽에 복숭아를 올린다(가운데 부분은 비워 둔다). 그런 다음 (D)틈을 메우듯이 크림을 바른다.

7 남은 스펀지케이크 시트의 아랫면에 시럽을 발라 그 위에 얹고, 시트가 잘 고정되도록 살짝 누른 다음, (E)윗면과 옆면에 시럽을 바른다. 남은 크림을 전체에 골고루 발라 옆면의 틈을 메우고, 표면을 고르게 한 뒤 냉장실에 넣는다.

8 남겨 두었던 코팅용 크림을 냉장실에서 꺼내어 60% 휘핑된 상태로 만들어 7의 윗면에 올린 다음, 팔레트 나이프로 매끄럽게 펴 바른다(41쪽 참조). 그대로 냉장실에 넣어 30분 이상 식힌다.

9 바르다가 흘린 크림과 남은 크림을 모아 80% 휘핑한 다음, 원형 깍지와 별 모양 깍지를 끼운 짤주머니에 절반씩 넣은 다음, (F)케이크 옆면에 번갈아 짠다.

10 토핑용 앵두와 복숭아를 케이크 위에 올려 장식한다.

A

B

C

D

E

F

더운 계절에는 물기가 많고 뒷맛이 깔끔한 수박이 제격입니다. 여름철 생일 케이크로도 안성맞춤이랍니다.

수박 쇼트케이크

Summer

재료

(지름이 15cm인 바닥 분리형 원형 케이크 팬 1개 분량)

별립법으로 만드는 스펀지케이크 반죽(플레인)

달걀노른자...2개 분량

사탕무 그래뉼러당...20g

달걀흰자...2개 분량

사탕무 그래뉼러당...40g

박력분...60g

무염 버터...15g

현미유...10g

수박 젤리

수박(지름 20cm, 무게 1.5~2kg 정도 되는 작은 것)
...2분의 1개

물...2작은술

젤라틴 가루...3g

물...20ml

사탕무 그래뉼러당...10g

키르슈바서...1작은술

레몬즙...1작은술

시럽

물...50ml

설탕...20g

키르슈바서...1작은술

생크림(유지방 함유율이 45~47%인 제품)...200ml

사탕무 그래뉼러당...10g

장식용 허브(생 타임)...적당량

준비

• 오븐을 160℃로 예열한다.

• 버터와 현미유를 합쳐 중탕으로 녹이고, 식지 않도록 데워 둔다(12쪽의 A 참조).

케이크 만들기

1 볼에 달걀노른자와 사탕무 그래뉼러당 20g을 넣고, (A)핸드믹서기를 고속으로 돌려 뽀얀 색을 띨 때까지 거품을 낸다.

2 다른 볼에 달걀흰자와 사탕무 그래뉼러당 40g을 넣고 핸드믹서기를 중속으로 돌려 거품을 내어 단단한 머랭을 만든다(48쪽 D 참조).

3 (B)2에 1을 넣고, 실리콘 주걱으로 가볍게 섞는다. 박력분을 체에 내려서 넣은 다음, (C)거품기로 퍼 올리듯이 재료를 골고루 섞는다.

4 가루가 남지 않을 정도로 섞이면 녹인 버터와 현미유를 붓고, (D)실리콘 주걱으로 섞는다.

5 아무것도 바르지 않은 틀에 반죽을 붓고, (E)표면을 평평하게 다듬은 후, (F)160℃의 오븐에 25~30분간 굽는다.

6 오븐 페이퍼를 깐 식힘망 위에 틀째로 거꾸로 뒤집어 식힌 다음, 한 김 식으면 랩을 씌워 냉장실에 넣어 차갑게 식힌다. 완전히 식으면 틀에서 꺼내어 밑에서부터 2cm, 1.5cm, 1cm 두께로 케이크를 3장으로 자른다(40쪽 참조).

수박 젤리

7 수박은 먼저 샌드용과 토핑용으로 나눈다. 수박에서 가장 큰 한가운데 부분을 1cm 두께로 둥글게 자른 다음, (G)바깥지름이 14cm인 용기나 접시를 대고 잘라 껍질을 분리한다(샌드용). 나머지 부분은 (H)화채용 스쿱으로 수박을 동그랗게 14조각 뜬다. 샌드용과 토핑용 수박 모두 랩을 씌워 냉장실에 넣는다. (I)남은 수박은 젤리를 만들기 위해 갈아서 체에 한 번 거른 다음, 과즙 100ml를 계량해 둔다.

8 접시에 물 2작은술을 넣고, 젤라틴 가루를 뿌려 물에 불린다.

9 냄비(가능하면 안지름이 14cm인 것)에 물 20ml, 사탕무 그래뉼러당, 키르슈바서를 넣고 중불에 올린다. 따뜻하게 데워지면 불을 끄고, 8을 부어 녹인다.

10 (J)7의 수박 과즙과 레몬즙을 넣어 섞은 후, 냄비 바닥을 얼음물에 담가 차갑게 식힌다. 그대로 냉장실에 2시간 이상 넣어 차갑게 굳힌다.

※ 안지름이 14cm인 냄비가 없을 때는 비슷한 크기의 보관 용기에 옮겨 담아 냉장실에 넣는다.

시럽

11 19쪽을 참조해서 시럽을 만든다.

A

B

C

D

E

F

케이크 만들기

12 생크림에 사탕무 그래뉼러당을 넣고, 60%
휘핑한다(40쪽 참조). 그중에서 3분의 1 정도
되는 분량은 다른 볼에 옮겨 담아(코팅용) 냉
장실에 넣어 차갑게 식힌다. 나머지는 80%
휘핑한다(샌드용).

13 맨 아래에 깔릴 스펀지케이크 시트 윗면
에 요리붓으로 시럽(이하 적당량)을 바르고,
샌드용 크림(이하 적당량)을 팔레트 나이프
로 얇게 바른다. 7의 샌드용 수박을 올리고,
(K)크림을 얇게 바른다.

14 가운데에 올라갈 스펀지케이크 시트의 아랫
면에 시럽을 발라 그 위에 얹고, 크림을 얇게
바른다.

15 수박 젤리가 담긴 냄비 바닥을 미지근한 물
에 2~3초 담가서 젤리가 바닥에서 떨어지
게 한 다음, (L)젤리를 스펀지케이크 위에
미끄러뜨리듯이 살짝 얹는다.

16 크림을 얇게 바르고, 맨 위에 올라갈 스펀지
케이크 시트의 아랫면에 시럽을 발라 그 위
에 얹은 다음, 시트가 잘 고정되도록 살짝 누
른다. 윗면과 옆면에 시럽을 바른다. 남은 크
림을 전체에 골고루 발라 옆면에 나 있는 틈
을 메우고, 표면을 고르게 한 후 냉장실에 넣
는다.

17 코팅용으로 남겨 두었던 크림을 냉장실에서
꺼내 60% 휘핑된 상태로 만든 다음, 16의
윗면에 올리고, 팔레트 나이프로 매끄럽게
펴 바른다(41쪽 참조). 그대로 냉장실에서 넣
어 30분 이상 식힌다.

18 동그랗게 뜬 수박과 허브를 케이크에 올려
장식한다.

G　　　　　H　　　　　I

J　　　　　K　　　　　L

=

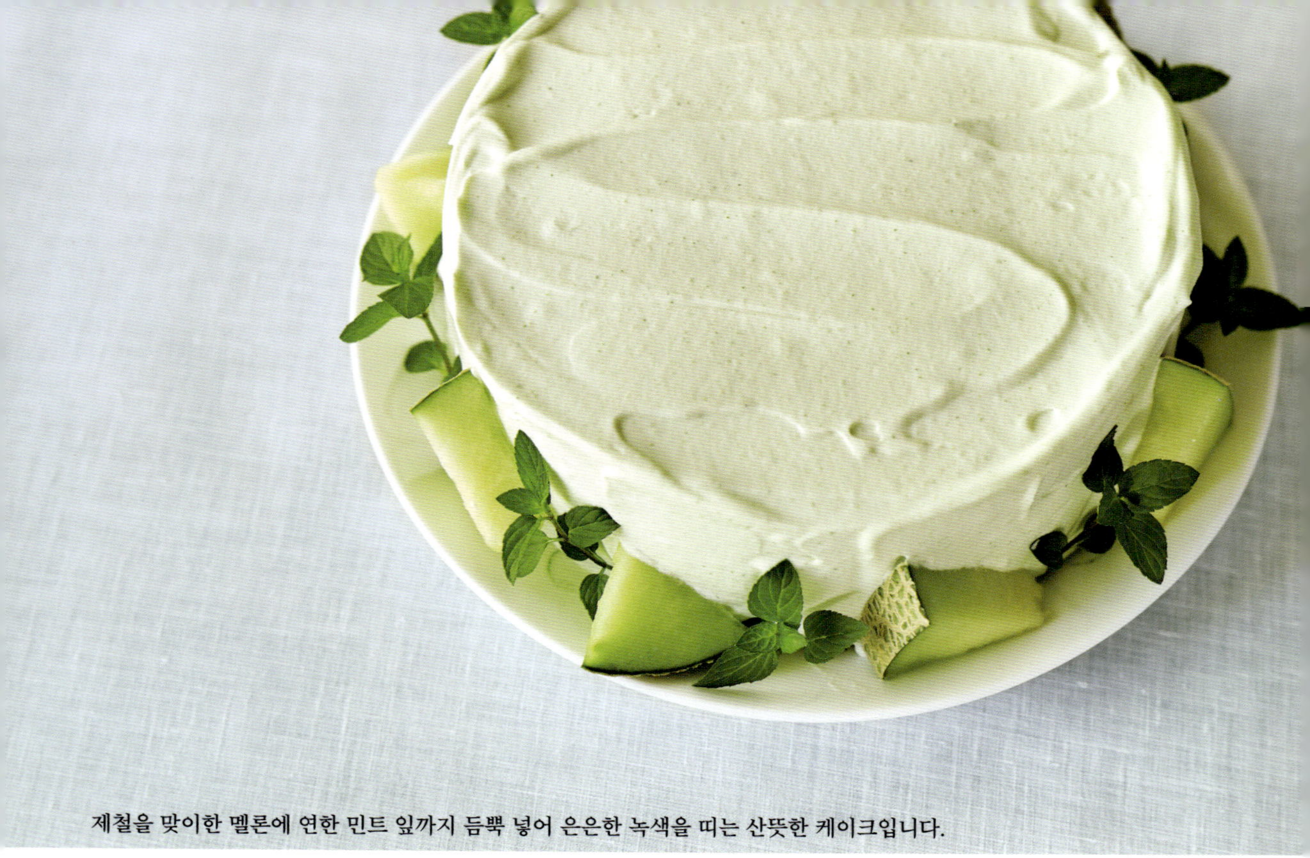

제철을 맞이한 멜론에 연한 민트 잎까지 듬뿍 넣어 은은한 녹색을 띠는 산뜻한 케이크입니다.

멜론 쇼트케이크

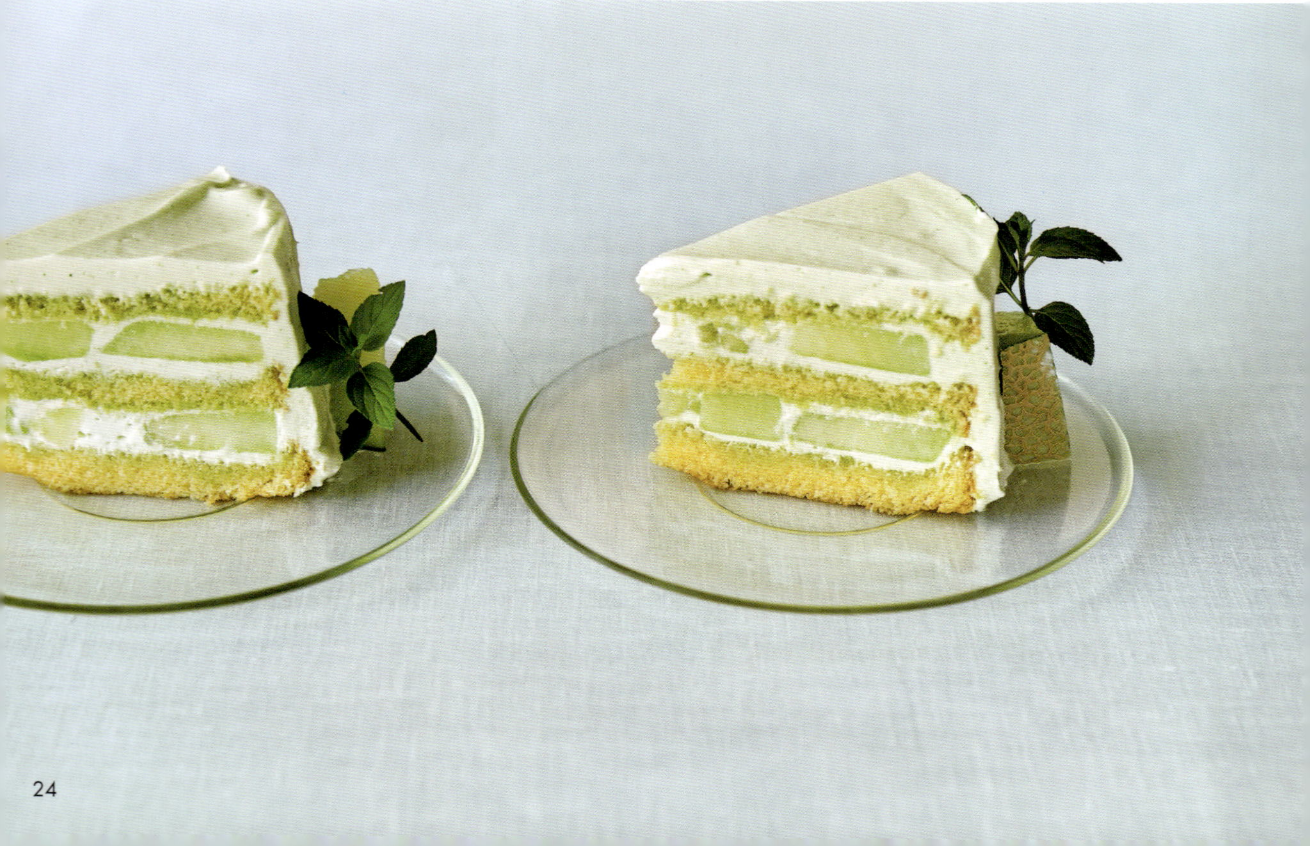

재료

(지름이 15cm인 바닥 분리형 원형 케이크 팬 1개 분량)

공립법으로 만드는 스펀지케이크 반죽(플레인)

> 달걀…2개
> 사탕무 그래뉼러당…60g
> 박력분…60g
> 무염 버터…15g
> 현미유…10g

민트 용액과 시럽

> 민트(줄기는 제거한다)…15g
> ※ 이 책에서는 페퍼민트를 사용했지만, 취향에 맞는 민트를 선택하면 된다.
> 물…100ml
> 사탕무 그래뉼러당…50g
> 생크림(유지방 함유율 45~47%인 제품)…250ml
> 사탕무 그래뉼러당…15g
> 멜론…2분의 1개
> 장식용 민트…적당량

준비

- 오븐을 160°C로 예열한다.
- 버터와 현미유를 합쳐 중탕으로 녹이고, 식지 않도록 데워 둔다(12쪽의 A 참조).

스펀지케이크 반죽

1 12쪽의 공립법 스펀지케이크 반죽을 참조해서 만든다. 구운 스펀지케이크가 식으면 맨 아래에서부터 2cm, 1.5cm, 1cm 두께로 썰어 케이크 시트 3장을 만든다(40쪽 참조).

민트 용액과 시럽

2 스펀지케이크를 식히는 동안, 민트 용액과 시럽을 만든다. 민트 잎을 깨끗이 씻어 끓는 물에 살짝 데친 다음, 찬물에 담가 식힌 후 물기를 짠다.

3 냄비에 물(민트 용액과 시럽에 각각 절반씩 사용한다)을 담아 불에 올렸다가 물이 끓으면 불을 끈다. 사탕무 그래뉼러당을 넣어 녹인 후, 그대로 식힌다.

4 한 김 식으면 3의 절반 분량에 2를 넣고, (A)블렌더나 믹서기로 곱게 간다. 체에 한 번 거르고, 남은 건더기도 물기를 꼭 짜서 민트 용액을 만든다.

5 (B)남은 3의 절반 분량에 민트 용액 1작은술을 넣어 시럽을 만든 다음, 둘 다 냉장실에 넣어 차갑게 식힌다.

케이크 만들기

6 멜론은 한가운데의 가장 큰 부분을 1cm 두께로 둥글게 자른 다음, 씨를 제거하고 껍질을 벗긴다. 같은 방법으로 손질한 멜론을 샌드용으로 3~4장 준비한다. 남은 멜론은 껍질을 벗기지 않고 그대로 한 입 크기로 썬다(장식용).

7 (C)생크림에 사탕무 그래뉼러당과 4의 민트 용액 25g을 넣고, 60% 휘핑한다(40쪽 참조). 3분의 1 정도 되는 분량을 다른 볼에 옮겨 담아(코팅용) 냉장실에 넣어 차갑게 식힌다. 나머지는 80% 휘핑한다(샌드용).

8 (D)맨 아래에 깔릴 스펀지케이크 시트 윗면에 요리붓으로 시럽(이하 적당량)을 바르고, 샌드용 크림(이하 적당량)을 팔레트 나이프로 얇게 바른다. (E)샌드용 멜론의 절반 분량을 스펀지케이크 모양에 맞춰 썰어 올리고, 크림을 얇게 바른다.

9 가운데에 올라갈 스펀지케이크 시트의 아랫면에 시럽을 발라 그 위에 얹고, (F)8의 과정을 반복한다.

10 맨 위에 올라갈 스펀지케이크 시트의 아랫면에 시럽을 발라 그 위에 얹은 다음, 시트가 잘 고정되도록 살짝 누르고, 윗면과 옆면에 시럽을 바른다. 남은 크림을 전체에 골고루 발라 옆면에 나 있는 틈을 메우고, 표면을 고르게 한 후 냉장실에 넣는다.

11 코팅용으로 남겨 두었던 크림을 냉장실에서 꺼내 60% 휘핑된 상태로 만들어 10의 윗면에 올리고, 팔레트 나이프로 자국이 남도록 자연스럽게 펴 바른다. 그대로 냉장실에서 넣어 30분 이상 식힌다.

12 장식용 멜론과 민트 잎으로 케이크 옆면을 장식한다.

A

B

C

D

E

F

좋아하는 피오네 포도로 해마다 쇼트케이크를 만들어 즐깁니다. 케이크를 자르면 드러날 단면도 기대가 된답니다.

피오네 포도 쇼트케이크

Autumn

재료

(지름이 15cm인 바닥 분리형 원형 케이크 팬 1개 분량)

공립법으로 만드는 스펀지케이크 반죽(플레인)

> 달걀...2개
> 첨채당...60g
> 박력분...60g
> 무염 버터...15g
> 현미유...10g

시럽

> 물...50ml
> 첨채당...20g
> 럼주...1작은술
> 생크림(유지방 함유율 45~47%인 제품)...250ml
> 첨채당...25g
> 플레인 요거트...100g
> 포도(피오네)...큰 것 1송이

준비

- (A)플레인 요거트는 여과지를 끼운 드리퍼 또는 키친 페이퍼(면포나 '식품용 기구' 마크가 있는 키친 타월을 깐 체)에 담아 냉장실에서 3시간 정도 유청을 분리한다. 100g이 50g 정도로 줄어드는 것이 적당하다.
- 오븐을 160℃로 예열한다.
- 버터와 현미유를 합쳐 중탕으로 녹이고, 식지 않도록 데워 둔다(12쪽의 A 참조).

스펀지케이크 반죽

1 12쪽의 공립법 스펀지케이크 반죽을 참조해서 만드는데, 사탕무 그래뉼러당을 첨채당으로 바꾼다. 구운 스펀지케이크가 식으면 아래에서부터 3cm와 2cm 두께의 케이크 시트 2장이 나오게 썬다(40쪽 참조).

시럽

2 19쪽을 참조해 시럽을 만든다. 사탕무 그래뉼러당을 첨채당으로, 키르슈바서를 럼주로 바꾼다.

케이크 만들기

3 포도는 알알이 떼어 내어 깨끗이 씻는다. 냄비에 물을 끓인 다음, (B)포도를 3알씩 10초간 담갔다가 건져 내 찬물에 식힌다. (C)손으로 껍질을 벗긴 다음, 키친 타월을 깐 트레이에 올린다. 껍질을 전부 벗긴 포도알은 랩을 씌워 냉장실에 넣는다.

4 (D)생크림에 첨채당과 유청을 제거한 요거트(고형분만을 사용)를 넣고, 60% 휘핑한다(40쪽 참조). 절반 분량을 다른 볼에 옮겨 담아(코팅용) 냉장실에서 차갑게 식힌다. 나머지는 80% 휘핑한다(샌드용).

5 아래에 깔릴 스펀지케이크 윗면에 요리붓으로 시럽(이하 적당량)을 바르고, 샌드용 크림(이하 적당량)을 팔레트 나이프로 얇게 바른다. (E)포도를 케이크 시트의 가장자리에서부터 안쪽까지 가지런히 놓고(가운데 부분은 비워 둔다). (F)틈을 메우듯이 크림을 바른다.

6 남은 스펀지케이크 시트의 아랫면에 시럽을 발라 그 위에 얹고, 시트가 잘 고정되도록 살짝 누른 다음, 윗면과 옆면에 시럽을 바른다. 남은 크림을 전체에 골고루 발라 옆면의 틈을 메우고, 표면을 고르게 한 뒤 냉장실에 넣는다.

7 남겨 두었던 코팅용 크림을 냉장실에서 꺼내어 60% 휘핑된 상태로 만들어 6의 윗면에 올린 다음, 팔레트 나이프로 매끄럽게 펴 바른다(41쪽 참조). 그대로 냉장실에 넣어 30분 이상 식힌다.

8 남은 포도를 케이크 위에 올려 장식한다.

A

D

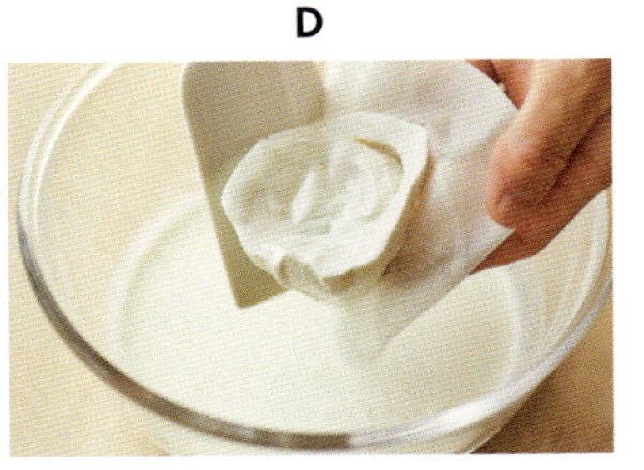

B

E

C

F

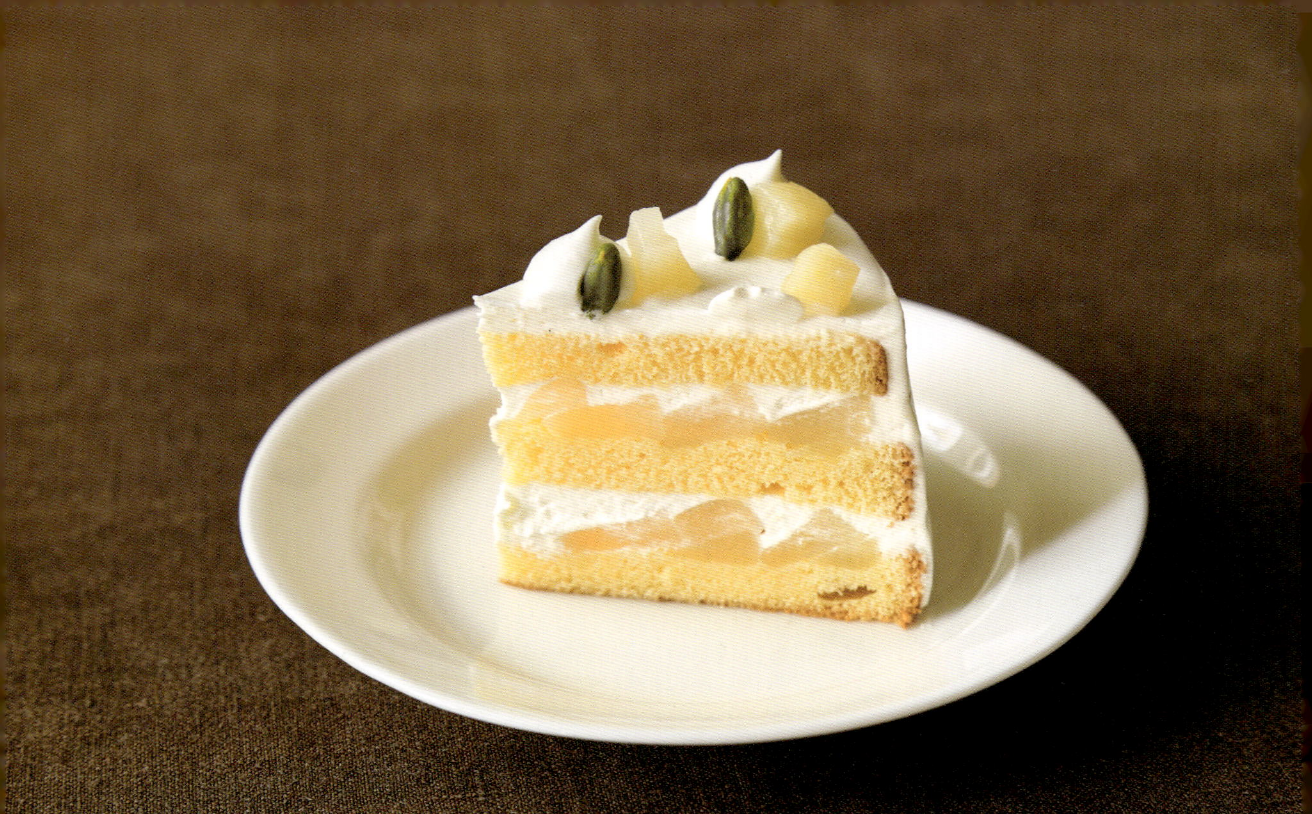

서양배는 콩포트로 만들어서 스펀지케이크와 크림 사이에 넣습니다. 말랑하고 촉촉한 식감을 즐겨 보세요.

서양배 쇼트케이크

Autumn

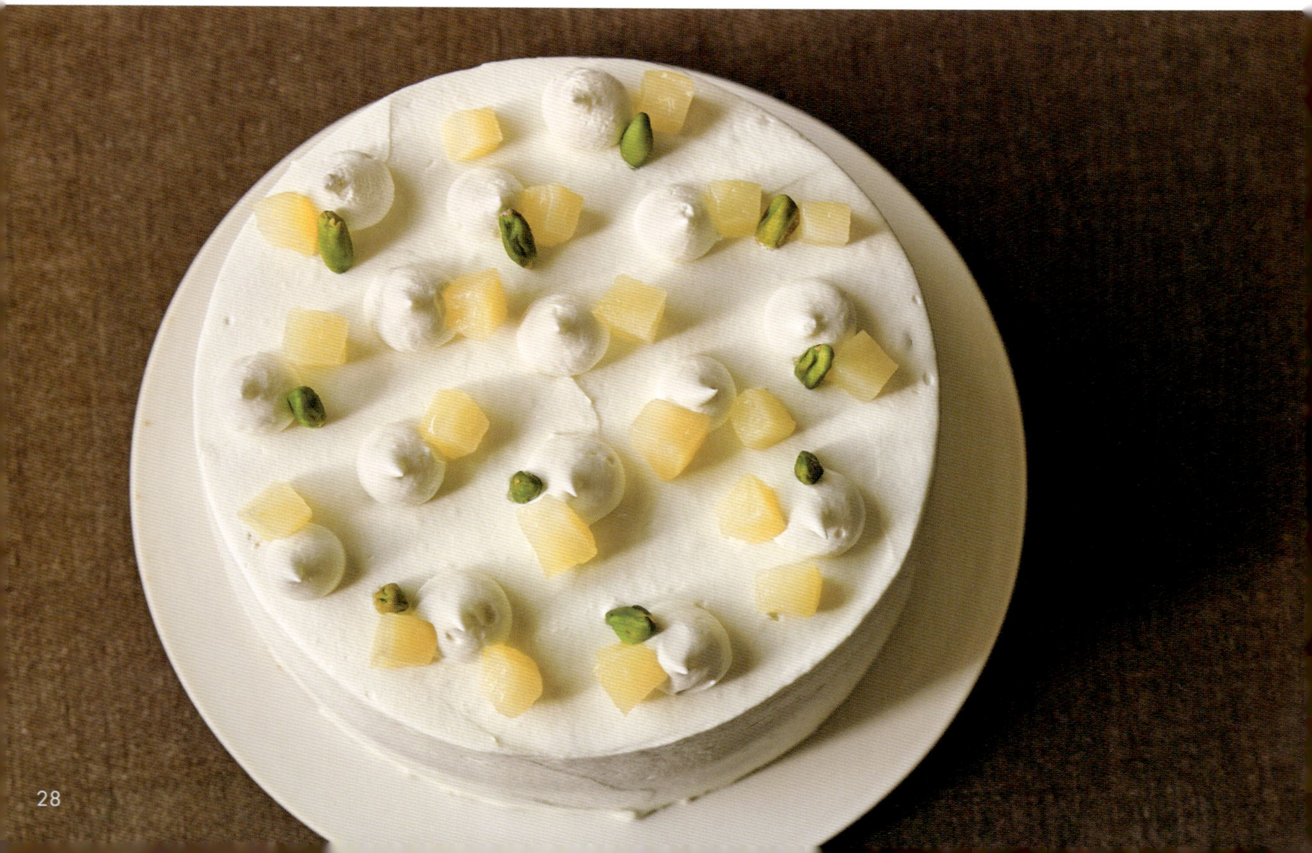

재료

(지름이 15cm인 바닥 분리형 원형 케이크 팬 1개 분량)

별립법으로 만드는 스펀지케이크 반죽(벌꿀맛)

달걀노른자...2개 분량

벌꿀...20g

사탕무 그래뉼러당...40g

박력분...60g

무염 버터...15g

현미유...10g

서양배 콩포트

서양배...작은 것 3개
　(껍질을 제외한 과육 약 450g)

사탕무 그래뉼러당...45g

레몬즙...2작은술

포아르 윌리엄(서양배 리큐어)...2작은술

생크림(유지방 함유율이 45~47%인 제품)...250ml

벌꿀...15g

장식용 피스타치오
　(겉껍질과 속껍질을 모두 제거한 것)...적당량

준비

• 오븐을 160℃로 예열한다.

• 버터와 현미유를 합쳐 중탕으로 녹이고, 식지 않도록 데워 둔다(12쪽의 A 참조).

• 짤주머니에 원형 깍지를 끼우고, 컵 등에 넣어 비닐 윗부분을 뒤집어 놓는다(41쪽 참조).

스펀지케이크 반죽

1 22쪽의 별립법 스펀지케이크 반죽을 참조해서 만드는데, 달걀노른자에 넣는 사탕무 그래뉼러당을 벌꿀로 바꾼다. 구운 스펀지케이크가 식으면 맨 아래에서부터 2cm, 1.5cm, 1cm 두께로 썰어 케이크 시트 3장을 만든다(40쪽 참조).

시럽

2 126쪽을 참조해서 서양배 콩포트를 만든다. 전자레인지에 3~4분간 돌린 후, 아랫면이 위로 오게 뒤집어서 다시 4~5분간 돌린다. 냉장실에 넣어 차갑게 식힌 뒤, **(A)** 반달 모양으로 두툼하게 썬다

케이크 만들기

3 생크림에는 벌꿀을 넣어 60% 휘핑한다(40쪽 참조). 절반 분량을 다른 볼에 옮겨 담아 (코팅용) 냉장실에 넣어 식힌다. 나머지는 80% 휘핑한다(샌드용).

4 콩포트의 시럽을 2큰술 덜어 놓는다. **(B·C)** 맨 아래에 깔릴 스펀지케이크에 2를 가장자리에서부터 안쪽으로 조금씩 겹치게 올리고, **(D)** 팔레트 나이프로 틈을 메우듯이 크림(이하 적당량)을 바른다.

5 가운데에 올릴 스펀지케이크 시트의 아랫면에 미리 덜어 둔 시럽(이하 적당량)을 발라 그 위에 얹고, 4의 과정을 반복한다(장식용으로 쓸 서양배 2덩이를 남겨 놓는다).

6 **(E)** 맨 위에 올릴 스펀지케이크 시트의 아랫면에 시럽을 발라 그 위에 얹고, 시트가 잘 고정되도록 살짝 누른 다음, 윗면과 옆면에 시럽을 바른다. 남은 크림을 전체에 골고루 발라 옆면의 틈을 메우고, 표면을 고르게 한 뒤 냉장실에 넣는다.

7 남겨 두었던 코팅용 크림을 냉장실에서 꺼내어 60% 휘핑된 상태로 만들어 6의 윗면에 올린 다음, 팔레트 나이프로 매끄럽게 펴 바른다(41쪽 참조). 그대로 냉장실에 넣어 30분 이상 식힌다.

8 바르다가 흘린 크림과 남은 크림을 모아 80% 휘핑한 다음, 짤주머니에 넣어 케이크 윗면에 짠다.

9 남은 서양배 2덩이를 가로세로 7mm 크기로 네모나게 잘라 키친 타월로 물기를 닦아낸 후, **(F)** 케이크에 올려 장식한 후, 피스타치오를 뿌린다.

A

B

C

D

E

F

=

밤 페이스트와 밤 소보로 두 가지를 스펀지케이크 사이에 넣어 다채로운 식감과 단면을 즐길 수 있게 만들었습니다.

밤 캐러멜 쇼트케이크

autumn

재료

(지름이 15cm인 바닥 분리형 원형 케이크 팬 1개 분량)

공립법으로 만드는 스펀지케이크 반죽(플레인)

| 달걀...2개
| 첨채당...60g
| 박력분...60g
| 무염 버터...15g
| 현미유...10g

시럽

| 물...70ml
| 첨채당...30g
| 럼주...2작은술
| 생크림(유지방 함유율 45~47%인 제품)...250ml
| 첨채당...20g

밤 소보로와 밤 페이스트

(소보로는 원래 고기나 생선을 잘게 다져 양념을 넣고 볶은 일본 요리로, 소보로처럼 부슬부슬한 굵은 입자 형태의 반죽이나 재료를 소보로라고 부르기도 한다 - 옮긴이 주)

| 껍질을 벗기지 않은 밤...300g
| 첨채당...15g
| 첨채당...20g
| 무염 버터...10g

캐러멜 크림

| 사탕무 그래뉼러당...50g
| 물...1작은술
| 생크림(유지방 함유율 45~47%인 제품)...40ml
| 보늬밤 조림(128쪽 참조)...적당량

준비

- 오븐을 160°C로 예열한다.
- 버터와 현미유를 합쳐 중탕으로 녹이고, 식지 않도록 데워 둔다(12쪽의 A 참조).
- 짤주머니에 원형 깍지를 끼우고, 컵 등에 넣어 비닐 윗부분을 뒤집어 놓는다(41쪽 참조).

스펀지케이크 반죽

1 12쪽의 공립법 스펀지케이크 반죽을 참조해서 만드는데, 사탕무 그래뉼러당을 첨채당으로 바꾼다. 구운 스펀지케이크가 식으면 맨 아래에서부터 2cm, 1.5cm, 1cm 두께로 썰어 케이크 시트 3장을 만든다(40쪽 참조).

시럽

2 19쪽을 참조해 시럽을 만든다. 사탕무 그래뉼러당을 첨채당으로, 키르슈바서는 럼주로 바꾼다.

밤 소보로와 밤 페이스트

3 큰 냄비에 밤을 넣고 물을 가득 부어 중불에 올린다. 물이 끓으면 조금 약한 중불로 줄여 1시간 동안 삶은 다음, 체로 건진다.

4 **(A·B)**삶은 밤을 칼로 반으로 잘라 숟가락으로 속을 파낸 다음, 볼에 담는다. 70g(밤 소보로용)과 120g(밤 페이스트용)을 각각 계량해 덜어 놓는다.

5 **(C)**밤 소보로용으로 쓸 70g에 첨채당을 15g 넣어 섞는다. **(D)**밤 페이스트용으로 쓸 120g은 고운 체에 내려 볼에 담는다. **(E)**여기에 첨채당 20g과 버터를 넣고, **(F)**실리콘 주걱으로 잘 섞는다. 2의 시럽 2큰술을 조금씩 부어 반죽을 묽게 한 다음, 짤주머니에 넣는다.

케이크 만들기

6 생크림에 첨채당을 넣어 60% 휘핑한다(40쪽 참조). 그중에서 3분의 1 정도 되는 분량을 다른 볼에 옮겨 담아(코팅용) 냉장실에 넣어 차갑게 식힌다. 나머지는 80% 휘핑한다(샌드용).

7 맨 아래에 깔릴 스펀지케이크 시트 윗면에 요리붓으로 시럽(이하 적당량)을 바르고, 샌드용 크림(이하 적당량)을 팔레트 나이프로 얇게 바른다. **(G)**밤 페이스트를 중앙에서부터 돌려 짠 후, **(H)**크림을 얇게 바른다(밤 페이스트가 뭉개지지 않게 주의한다).

8 가운데에 올라갈 스펀지케이크 시트의 아랫면에 시럽을 발라 그 위에 얹고, 윗면에 시럽을 바른 다음, **(I)**크림을 얇게 바른다. 밤 소보로를 전체적으로 뿌리고, 크림을 얇게 바른다.

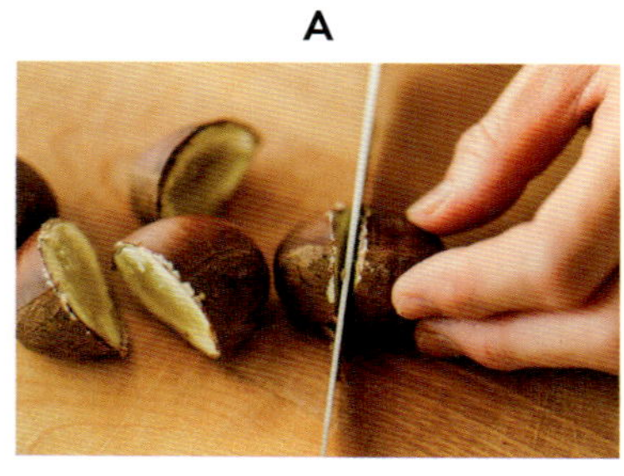

A

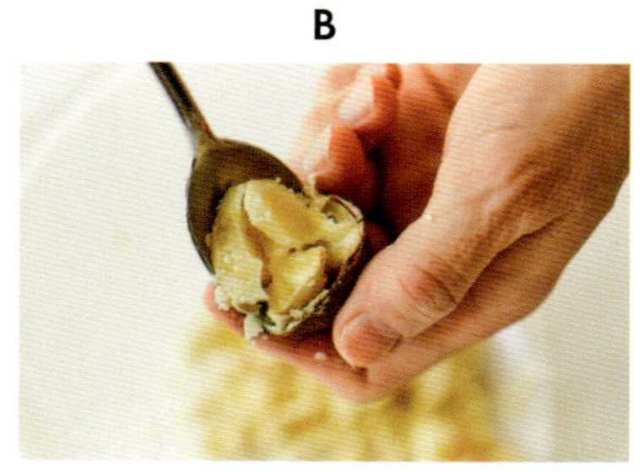

B

C

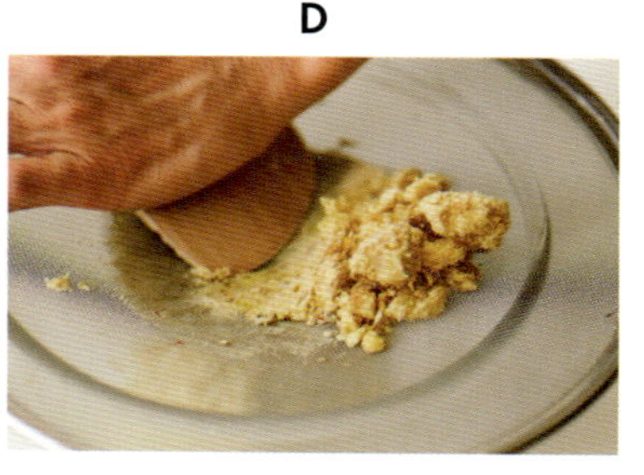

D

E

F

9 맨 위에 올라갈 스펀지케이크 시트의 아랫면에 시럽을 발라 그 위에 얹은 다음, 시트가 잘 고정되도록 살짝 누른다. 윗면과 옆면에 시럽을 바르고, 남은 크림을 전체에 골고루 바른다. 옆면에 나 있는 틈을 메우고, 표면을 고르게 한 후 냉장실에 넣는다.

10 코팅용으로 남겨 두었던 크림을 냉장실에서 꺼내 60% 휘핑된 상태로 만든 다음, 15의 윗면에 올리고, 팔레트 나이프로 매끄럽게 펴 바른다(41쪽 참조). 그대로 냉장실에서 넣어 30분 이상 식힌다.

11 캐러멜 크림을 만든다. 냄비에 사탕무 그래뉼러당과 물을 넣고, 뚜껑을 덮어 약불에 올린다. 사탕무 그래뉼러당이 녹아 색을 띠기 시작하면 뚜껑을 열고, 가끔 냄비를 살살 흔들어 가며 섞는다. 전체적으로 갈색빛이 돌면 불을 끄고, **(J)**생크림을 조금씩 넣는다. **(K)**내열 실리콘 주걱으로 골고루 섞어 완전히 식힌다.

12 **(L)**짤주머니에 넣고 짤주머니 끝을 살짝 잘라 케이크 윗면에 격자무늬로 뿌린다. 먹기 좋은 크기로 잘라 접시에 담고, 보늬밤 조림을 곁들인다.

G   H   I

J   K   L

=

새콤한 홍옥 사과를 커스터드를 넣은 크림으로 감싼 쇼트케이크로, 가을부터 겨울까지 맛볼 수 있습니다.

홍옥 사과 쇼트케이크

재료

(지름이 15cm인 바닥 분리형 원형 케이크 팬 1개 분량)

별립법으로 만드는 스펀지케이크 반죽(플레인)

달걀노른자...2개 분량

첨채당...20g

달걀흰자...2개 분량

첨채당...40g

박력분...60g

무염 버터...15g

현미유...10g

시럽

물...50ml

첨채당...20g

럼주...1작은술

커스터드 크림

달걀노른자...1개 분량

첨채당...20g

바닐라빈...2cm

쌀가루...7g

우유...100ml

구운 사과

사과(홍옥)...2개

무염 버터...10g

첨채당...20g

레몬즙...2작은술

생크림(유지방 함유율이 45~47%인 제품)...300ml

첨채당...10g

장식용 허브(생 타임)...적당량

준비

- 오븐을 160°C로 예열한다.
- 버터와 현미유를 합쳐 중탕으로 녹이고, 식지 않도록 데워 둔다(12쪽의 A 참조).

스펀지케이크 반죽

1 22쪽의 별립법 스펀지케이크 반죽을 참조해서 만드는데, 사탕무 그래뉼러당을 첨채당으로 바꾼다. 구운 스펀지케이크가 식으면 맨 아래에서부터 2cm, 1.5cm, 1cm 두께로 썰어 케이크 시트 3장을 만든다(40쪽 참조).

시럽

2 19쪽을 참조해서 시럽을 만든다. 사탕무 그래뉼러당을 첨채당으로, 키르슈바서를 럼주로 바꾼다.

커스터드 크림

3 84쪽의 5~8을 참조해서 만든다. 볼에 옮겨 담아 냉장실에 넣어 차갑게 식힌다.

구운 사과

4 사과를 깨끗이 씻어 반달 모양으로 10~12 등분한다. 프라이팬에 사과, 버터, 첨채당, 레몬즙을 넣고 중불에 올린다. 버터가 녹으면 뚜껑을 덮는다. 사과가 투명해지기 시작하면 뚜껑을 열고, (A)수분이 날아갈 때까지 볶는다. 트레이 등에 넓게 펼쳐 놓은 다음, 한 김 식으면 냉장실에 넣어 차갑게 식힌다.

케이크 만들기

5 생크림 100ml를 볼에 담아 90% 휘핑한다(40쪽 참조). 냉장실에서 꺼낸 커스터드 크림을 실리콘 주걱으로 저어 부드럽게 풀어 (B) 생크림에 넣고, 핸드믹서기로 가볍게 섞는다(샌드용).

6 맨 아래에 깔릴 스펀지케이크 시트 윗면에 요리붓으로 시럽(이하 적당량)을 바르고, (C)4를 케이크 시트의 가장자리에서부터 안쪽까지 가지런히 놓고(가운데 부분은 비워 둔다), (D)크림(이하 적당량)을 바른다.

7 가운데에 올라갈 스펀지케이크 시트의 아랫면에 시럽을 발라 그 위에 얹고, 6의 과정을 반복한다(장식용으로 쓸 사과 두 조각을 남겨 놓는다).

8 맨 위에 올라갈 스펀지케이크 시트의 아랫면에 시럽을 발라 그 위에 얹은 다음, 시트가 잘 고정되도록 살짝 누르고, 윗면과 옆면에 시럽을 바른다.

9 남은 생크림에 첨채당을 넣고 60% 휘핑한 다음, 절반은 다른 볼에 옮겨 담고(코팅용) 나머지 절반은 80% 휘핑해서 8에 골고루 바른다. 옆면에 나 있는 틈을 메우고, 표면을 고르게 한다. 코팅용으로 남겨 두었던 크림을 윗면에 올려 매끄럽게 펴 바른다(41쪽 참조). 그대로 냉장실에서 넣어 30분 이상 식힌다.

10 (E)남겨 두었던 사과 두 조각을 체에 내려 으깬 다음, 짤주머니에 넣고 끝을 살짝 자른다. (F)케이크 윗면에 일정한 간격으로 동그랗게 짠 후, 허브를 올려 장식한다. 메시지 플레이트를 만드는 방법은 43쪽을 참조한다.

A

B

C

D

E

F

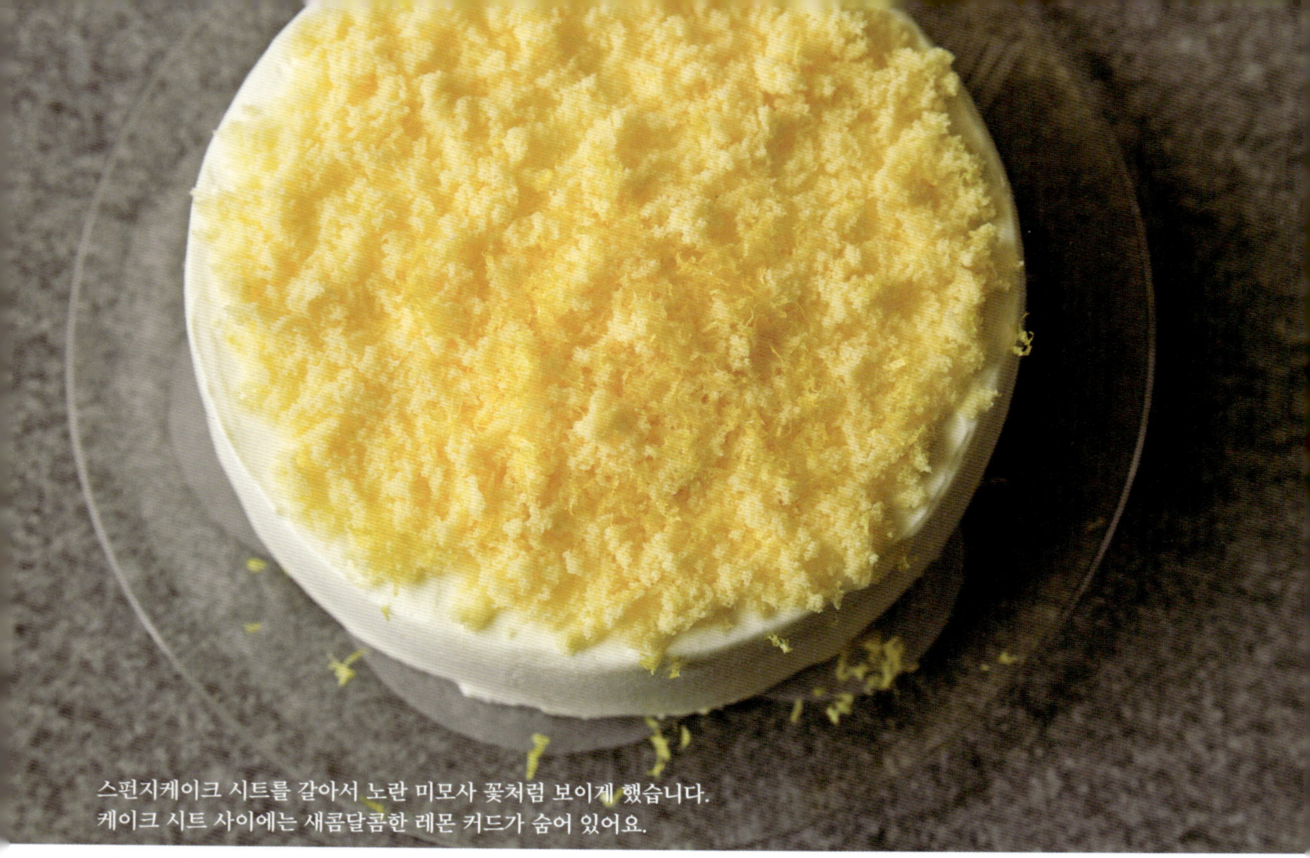

스펀지케이크 시트를 갈아서 노란 미모사 꽃처럼 보이게 했습니다.
케이크 시트 사이에는 새콤달콤한 레몬 커드가 숨어 있어요.

미모사 케이크

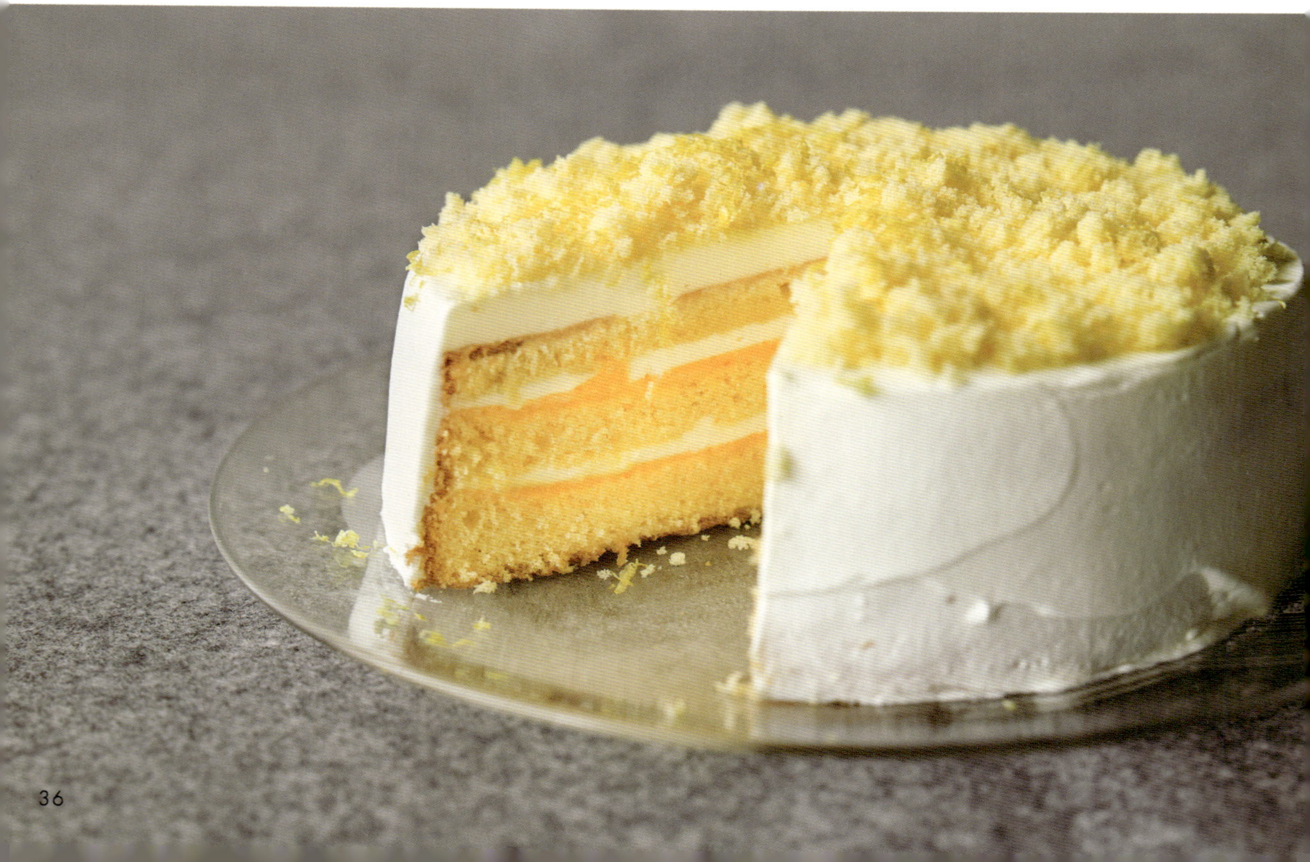

재료

(지름이 15cm인 바닥 분리형 원형 케이크 팬 1개 분량)

공립법으로 만드는 스펀지케이크 반죽(레몬맛)

달걀...2개
첨채당...60g
박력분...60g
무염 버터...15g
현미유...10g
간 레몬 껍질(국산 무농약)...2분의 1개 분량

시럽

물...40ml
첨채당...20g
레몬즙...1큰술

레몬 커드

레몬즙...2큰술
간 레몬 껍질(국산 무농약)...2분의 1 개 분량
첨채당...30g
달걀...1개
무염 버터...10g
생크림(유지방 함유율 45~47%인 제품)...200ml
첨채당...10g
레몬즙...2분의 1작은술
장식용으로 쓸 간 레몬 껍질(국산 무농약)
　　...적당량

준비

• 오븐을 160°C로 예열한다.
• 버터와 현미유를 합쳐 중탕으로 녹이고, 식지 않도록 데워 둔다(12쪽의 A 참조).

스펀지케이크 반죽

1 12쪽의 공립법 스펀지케이크 반죽을 참조해서 만드는데, 사탕무 그래뉼러당을 첨채당으로 바꾸고, **(A)**버터와 현미유를 합쳐 녹인 것과 레몬 껍질을 첨가한다. 구운 스펀지케이크가 식으면 맨 아래에서부터 2cm와 1.5cm 두께의 케이크 시트 2장이 나오게 썰고(40쪽 참조), **(B의 오른쪽 맨 위)**남은 케이크를 갈색인 부분이 바닥에 오게 뒤집어 1cm 두께의 케이크 시트 1장을 자른다. **(B의 왼쪽)**남은 케이크 시트는 따로 담아 놓는다.

시럽

2 19쪽을 참조해 시럽을 만든다. 사탕무 그래뉼러당을 첨채당으로, 키르슈바서는 레몬즙으로 바꾼다.

레몬 커드

3 볼에 레몬즙과 껍질, 첨채당을 넣고 거품기로 섞는다. 여기에 달걀을 깨뜨려 넣고 골고루 섞는다. 그런 다음 버터를 넣고, **(C)**약불에서 중탕하면서 걸쭉해질 때까지 10분 정도 섞는다.

4 불에서 내려 체에 내린 다음, 곧바로 볼을 얼음물에 담가 식힌다.

케이크 만들기

5 생크림에 첨채당을 넣어 휘핑하다가 어느 정도 걸쭉해지면 레몬즙을 첨가하고, 계속 저어 60% 휘핑한다(40쪽 참조). 절반을 다른 볼에 옮겨 담아(코팅용) 냉장실에 넣어 차갑게 식힌다. 나머지 절반은 90% 휘핑한다(샌드용).

6 맨 아래에 놓일 2cm 두께의 케이크 시트 윗면에 요리붓으로 시럽(이하 적당량)을 바르고, **(D)**레몬 커드와 샌드용 크림(이하 적당량)을 순서대로 바른다.

7 가운데에 올라갈 1.5cm 두께의 케이크 시트 아랫면에 시럽을 발라 그 위에 얹은 다음, 6의 과정을 반복한다.

8 **(E)**맨 위에 올라갈 1cm 두께의 케이크 시트를 갈색 면이 위로 오게 한 상태에서 아랫면에 시럽을 발라 7에 얹은 다음, 시트가 잘 고정되도록 살짝 누른다. 윗면과 옆면에 시럽을 바르고, 남은 크림을 전체에 골고루 발라 옆면에 나 있는 틈을 메우고, 표면을 고르게 한 후 냉장실에 넣는다.

9 코팅용으로 남겨 두었던 크림을 냉장실에서 꺼내 60% 휘핑된 상태로 만든 다음, 8의 윗면에 올리고, 팔레트 나이프로 매끄럽게 펴 바른다(41쪽 참조). 그대로 냉장실에서 넣어 30분 이상 식힌다.

10 1에서 따로 담아 두었던 케이크 시트에서 갈색 부분을 제거한 후, **(F)**나머지를 푸드프로세서에 넣고 갈아 부슬부슬한 소보로 상태로 만든다. 이를 케이크 윗면에 올리고, 간 레몬 껍질을 뿌린다.

A

B

C

D

E

F

일본에서는 크리스마스 시즌에 서양배 품종 중 하나인 라 프랑스의 출하가 마무리됩니다.
코코아의 풍미를 더한 스펀지케이크 시트 사이에 신선한 서양배를 듬뿍 넣어 보았습니다.

크리스마스 케이크

재료

(지름이 15cm인 바닥 분리형 원형 케이크 팬 1개 분량)

별립법으로 만드는 스펀지케이크 반죽 (코코아맛)

| 달걀노른자...2개 분량
| 첨채당...20g
| 현미유...25g
| 플레인 요거트...5g
| 달걀흰자...2개 분량
| 첨채당...40g
| 박력분...45g
| 코코아파우더...15g

시럽

| 물...50ml
| 첨채당...20g
| 포아르 윌리엄(서양배 리큐어)...1작은술
※ 오렌지 리큐어를 사용해도 된다.
| 생크림(유지방 함유율이 45~47%인 제품)...250ml
| 화이트초콜릿(제과용)...30g
| 서양배...2개

준비

- 오븐을 160°C로 예열한다.
- 현미유에 플레인 요거트를 넣고, 거품기로 섞는다.
- 초콜릿은 잘게 다져 중탕으로 녹인다. **(A)**생크림을 조금씩 부어 가며 실리콘 주걱으로 섞은 다음, 냉장실에 넣어 식힌다.
- 짤주머니에 별 모양 깍지를 끼우고, 컵 등에 넣어 비닐 윗부분을 뒤집어 놓는다(41쪽 참조).

스펀지케이크 반죽

1 22쪽의 별립법 스펀지케이크 반죽을 참조해서 만드는데(4는 건너뛴다), 사탕무 그래뉼러당을 첨채당으로 바꾼다. 달걀노른자에 첨채당 20g을 넣고 뽀얀 색을 띨 때까지 거품을 낸 다음, 현미유와 요거트를 섞은 것을 넣는다. 이를 머랭과 합치고 여기에 **(B)**코코아파우더와 박력분을 함께 체에 내려서 넣는다. 구운 스펀지케이크가 식으면 맨 아래에서부터 2.5cm와 2cm 두께의 케이크 시트 2장이 나오게 썬다(40쪽 참조).

시럽

2 19쪽을 참조해서 시럽을 만든다. 사탕무 그래뉼러당을 첨채당으로, 키르슈바서를 포아르 윌리엄으로 바꾼다.

케이크 만들기

3 생크림과 초콜릿을 섞어 두었던 것을 냉장실에서 꺼내 60% 휘핑한다(40쪽 참조). 절반을 다른 볼에 옮겨 담아(코팅용) 냉장실에 넣어 차갑게 식힌다. 나머지 절반은 80% 휘핑한다(샌드용).

4 서양배는 껍질을 벗겨 반으로 썰고, 가운데 심을 제거한다. 반으로 한 번 더 자른 다음, **(C)**7mm 두께로 썬다.

5 아래에 놓일 케이크 시트 윗면에 요리붓으로 시럽(이하 적당량)을 바르고, 팔레트 나이프로 샌드용 크림(이하 적당량)을 얇게 바른다. **(D)**서양배를 4분의 1개 분량씩 살짝 엇갈리게 놓은 다음, **(E)**틈을 메우듯이 크림을 바른다.

6 남은 케이크 시트의 아랫면에 시럽을 발라 그 위에 얹은 다음, 시트가 잘 고정되도록 살짝 누르고, 윗면과 옆면에 시럽을 바른다. 남은 크림을 전체에 골고루 발라 옆면에 나 있는 틈을 메우고, 표면을 고르게 한 후 냉장실에 넣는다.

7 코팅용으로 남겨 두었던 크림을 냉장실에서 꺼내 60% 휘핑된 상태로 만든 다음, 6의 윗면에 올리고, 팔레트 나이프로 매끄럽게 펴 바른다(41쪽 참조). 그대로 냉장실에서 넣어 30분 이상 식힌다.

8 바르다가 흘린 크림과 남은 크림을 모아 80% 휘핑한 다음, **(F)**짤주머니에 넣어 케이크 윗면에 짠다. 메시지 플레이트를 만드는 방법은 43쪽을 참조한다.

A

B

C

D

E

F

Technique

쇼트케이크를 예쁘게 만드는 기술과 요령을 소개합니다.

스펀지케이크 썰기

2장으로 써는 경우. 아래에서부터 3cm(또는 2.5cm), 2cm 두께로 썬다. 윗부분은 남는다.

3장으로 써는 경우. 아래에서부터 2cm, 1.5cm, 1cm 두께로 썬다. 윗부분은 남는다.

케이크 시트의 두께는 꼭 정확히 맞출 필요는 없지만, 아래쪽 시트가 위쪽 시트보다 두꺼워야 과일이나 크림을 올렸을 때 쉽게 무너지지 않고 안정적인 형태를 유지합니다. 시트를 만들고 남은 케이크 윗부분은 거품 낸 생크림과 과일을 올린 다음, 반으로 접어 오믈렛을 만들거나 130℃의 오븐에 20분간 구워 러스크를 만들어 먹어도 맛있습니다.

※ 스펀지케이크가 충분히 부풀지 않았을 때는 윗부분이 남지 않을 수도 있습니다.

◎ 자를 이용해 자르는 방법

1

2

3

스펀지케이크의 옆면에 자를 대고, 썰고 싶은 두께(사진에서는 3cm)만큼 옆면을 따라 둥글게 얕은 칼집을 낸다.

칼집에 맞춰 칼을 밀어 넣는다.

시트를 썰고 남은 윗부분을 작업대에 놓고, 1·2와 같은 방법으로 자른다.

◎ 각봉을 이용해 자르는 방법

1

2

스펀지케이크의 양옆에 (자르고 싶은 두께의) 각봉을 놓고, 각봉에 맞춰 칼을 밀어 넣는다.

시트를 썰고 남은 윗부분을 작업대에 놓고, 1과 같은 방법으로 자른다.

각봉을 사용하면 케이크를 일정한 두께로 쉽게 자를 수 있습니다. 사진 앞쪽에 놓인 각봉은 가로세로 1.5cm, 뒤쪽에 놓인 각봉은 2×1cm 두께의 제품입니다. 각봉은 제과용품점이나 온라인몰에서 구입할 수 있습니다.

생크림 휘핑하기

1

2

3

생크림이 담긴 볼의 바닥을 얼음물에 담근 상태에서 핸드믹서기를 중속에 맞추고 크게 원을 그리듯이 생크림 전체를 거품 낸다. 60% 휘핑된 상태에서는 휘퍼로 생크림을 떴을 때 가늘게 주르륵 흘러내린다.

80% 휘핑되었을 때는 휘퍼로 생크림을 떴을 때, **뾰족한** 끝이 휘어진다.

90% 휘핑되었을 때는 휘퍼로 생크림을 떴을 때, **뾰족한** 끝이 단단하게 선다. 휘핑을 너무 오래 하면 생크림이 분리되어 버리니 주의하자.

크림 바르기

마지막 케이크 시트를 케이크 위에 얹고, 윗면과 옆면에 시럽을 바르고 나면 남은 크림을 팔레트 나이프로 윗면에서 옆면으로 펴 바른다.

옆면의 틈을 메우고 표면을 고르게 한 뒤, 여분의 크림을 덜어 낸 후 냉장실에 넣는다.

2를 케이크 돌림판 중앙에 놓고, 냉장실에서 코팅용 크림을 꺼내어 60% 휘핑된 상태로 만들어 케이크 윗면에 올린다.

팔레트 나이프로 코팅용 크림을 윗면에 바른다. 크림이 어느 정도 넓게 펼쳐지면 팔레트 나이프를 움직이지 않고 크림에 그대로 댄 채, 돌림판을 앞쪽으로 돌린다.

케이크 옆면도 마찬가지로 팔레트 나이프를 댄 채로 돌림판을 앞쪽으로 돌린다. 그런 다음 냉장실에 넣어 30분 이상 식힌다.

돌림판이 없을 때는 2를 접시에 놓는다. 크림을 올려 넓게 펼친 다음, 팔레트 나이프를 댄 채로 접시를 4분의 1 바퀴씩 돌려 가며 같은 방법으로 마무리한다.

짤주머니 사용법

짤주머니에 깍지를 끼운 다음, 컵 등에 넣고 짤주머니의 윗부분을 바깥쪽으로 뒤집은 후, 생크림(또는 반죽)을 담는다.

스크레이퍼 등을 사용해서 크림을 안쪽으로 바싹 밀어 넣는다(크림은 되도록 손에 닿지 않게 한다).

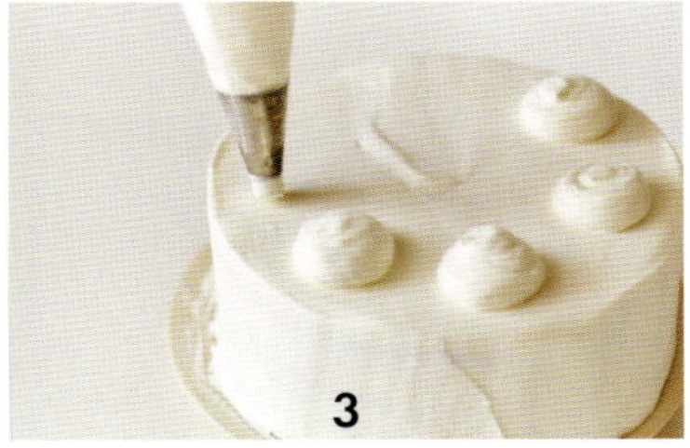

케이크 위에 크림을 짤 때는 케이크 표면에서 조금 떨어뜨린 상태에서 짜야 모양이 예쁘게 나온다.

케이크 나누어 썰기

컵이나 물병처럼 깊은 용기에 뜨거운 물을 붓고, 식칼을 담가 칼날을 따뜻하게 데운다.

케이크를 한 조각씩 썬다. 식칼에 묻은 크림은 곧바로 키친 타월로 닦고, 케이크를 한 번 자를 때마다 칼날을 다시 뜨거운 물에 데운 후 사용한다.

지름이 15cm인 쇼트케이크는 일곱 조각으로 잘라야 균형이 맞는다. 18쪽처럼 과일이 수북이 올라가는 케이크는 그대로 썰기 힘들므로 과일을 잠시 건져 낸 상태에서 자른다.

Sponge Cake Variation

케이크를 자른 단면 사진을 모아 보았습니다.
케이크 반죽과 과일을 취향껏 조합해 보세요.

Spring

딸기(공립법·플레인) /10쪽

바나나(별립법·플레인) / 14쪽

자몽(별립법·말차맛) / 16쪽

Summer

앵두와 복숭아(공립법·플레인) / 18쪽

수박(별립법·플레인) / 20쪽

멜론(공립법·플레인) / 24쪽

Autumn

피오네 포도(공립법·플레인) / 26쪽

서양배(별립법·벌꿀맛) / 28쪽

밤(공립법·플레인) / 30쪽

Winter

홍옥 사과(별립법·플레인) / 34쪽

미모사 케이크(공립법·레몬맛) / 36쪽

크리스마스 케이크(별립법·코코아맛) / 38쪽

Message Plate

18쪽에 소개한 앵두 복숭아 쇼트케이크에 메시지 플레이트를 얹어 생일 케이크를 만들어 보았습니다.
자유로운 형태로 자른 쿠키는 리본을 떠오르게 합니다. 원하는 모양이나 크기대로 만든 다음, 가나슈
(초콜릿과 생크림을 섞어 만든 소스나 아이싱)로 메시지를 쓰면 됩니다.

메시지 플레이트를 만드는 방법

A

B

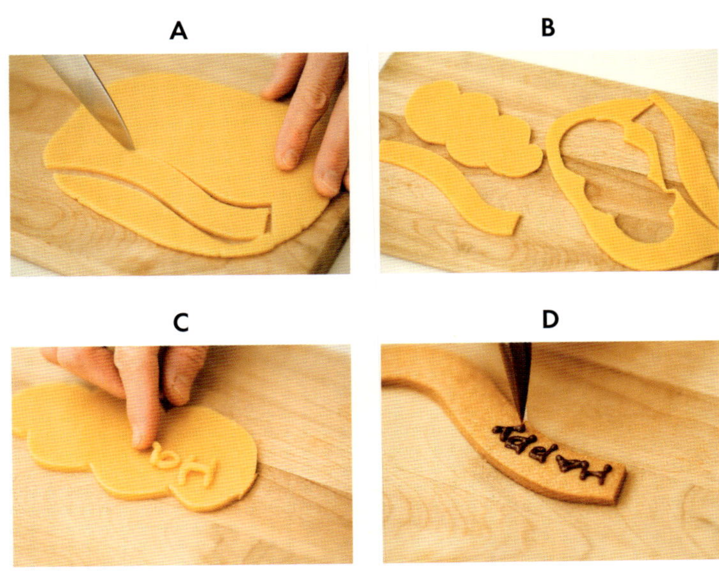

C

D

1. 72쪽(또는 75쪽)에 나오는 타르트 반죽의 1·2를 참조해
서 만든다. 작업대에 반죽을 올리고, 덧가루를 가끔 뿌리
면서 밀대로 반죽을 3mm 두께로 민 다음, 식힌다. 작업
대에 랩을 깔지 않고 반죽을 올린 다음, **(A·B)**식칼을 이
용해 원하는 모양대로 자른다. **(C)**가늘고 둥글게 민 반
죽으로 글씨를 만들어 붙여도 된다. 오븐 페이퍼를 깐 오
븐팬에 반죽을 올린 다음, 160℃로 예열한 오븐에 16분
간 구운 뒤, 식힘망에 올려 식힌다.

2. **(D)**짤주머니(짤주머니를 짧게 잘라 사용하면 편하다)
에 가나슈(61쪽 참조)를 넣어 글씨를 쓴다.

TOOLS

사용하면
편리한 도구

손에 익어서 쓰기 편하고,
케이크의 완성도를 높여 주는 도구입니다.
디자인도 단순해서 질리지 않아
이십 년 넘게 애용하고 있는 제품입니다.

필러

사과나 서양배의 껍질을 벗길 때 혹은 레몬이나 유자 껍질을 얇게 잘라 낼 때 쓰기 좋습니다. 이 제품을 쓴 지도 삼십 년이 넘었으니 그동안 껍질을 벗긴 사과만도 만 개는 될 듯합니다.

파이칼

파이 반죽을 구불구불하게 자르는 도구로, 이것을 사용하면 애플파이를 더 귀엽게 만들 수 있습니다. 자를 대고 썰면 반듯하게 자를 수도 있습니다. 사진 속 제품은 프랑스 제품입니다.

강판

표면에 살짝 대고 앞으로 문지르기만 해도 레몬이나 유자 껍질이 얇게 갈립니다. 사진 속 제품은 미국 마이크로플레인 제품입니다.

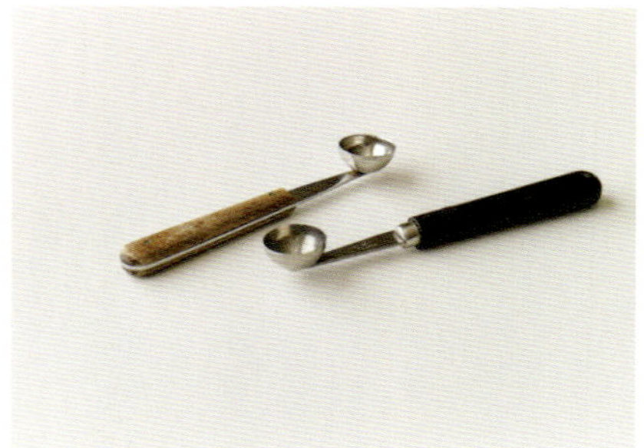

화채용 스쿱

수박이나 멜론의 과육을 파내거나 사과나 서양배의 심을 도려낼 때 씁니다. 지름은 2.5cm로, 초콜릿도 얇게 깎아 낼 수 있습니다. 파리의 어느 제과제빵 용품점에서 샀습니다.

뒤집개

스테인리스 끝이 얇게 처리되어 있고 네모난 구멍이 뚫려 있어 쿠키를 건지거나 케이크를 옮길 때 사용하기 편합니다. 친구가 뉴욕 여행 선물로 사다 준 제품입니다.

타공 국자

재료를 뜨거운 물에 데치거나 과육을 뜨거운 물에서 건질 때, 혹은 콩포트에서 시럽을 빼고 과육만 건져 내어 접시에 담글 때 사용합니다.

ROLL
CAKE
2
제철 과일로 만든 롤케이크

어느 부분을 잘라도 항상 딸기가 잘 보이도록 딸기는 끝부분을 잘라 케이크 시트에 가지런히 올립니다.
잘라 낸 끝부분은 딸기맛 크림을 만들 때 사용하세요.

딸기 롤케이크

재료

(25×29cm 크기의 오븐팬 1개 분량)

별립법 스펀지케이크 시트(플레인)

달걀노른자...3개 분량

사탕무 그래뉼러당...30g

달걀흰자...3개 분량

사탕무 그래뉼러당...50g

박력분...50g

무염 버터...15g

현미유...15g

생크림(유지방 함유율 45~47%인 제품)...250ml

화이트초콜릿(제과용)...40g

레몬즙...1작은술

딸기(작은 것)...18개

장식용으로 쓸 딸기(작은 것)...적당량

※ 롤케이크 표면에 크림을 바르지 않는 경우, 생크림은 200ml, 화이트초콜릿은 30g으로 한다.

준비

- **(A)**오븐팬을 두 개 겹치고, 여기에 실리콘 매트와 오븐 페이퍼를 깐다.
- ※ 오븐팬을 두 개 겹치는 이유는 오븐의 아랫불이 닿는 부분의 열기를 누그러뜨리기 위해서다. 오븐팬이 한 개밖에 없을 때는 실리콘 매트 밑에 두꺼운 종이를 깐다.
- **(B)**초콜릿을 실리콘 주걱으로 저으면서 중탕으로 녹이고, 생크림을 조금씩 첨가해 잘 섞는다. 냉장실에 넣어 충분히 식힌다.
- 오븐을 190℃로 예열한다.
- 버터와 현미유를 합쳐 중탕으로 녹이고, 식지 않도록 데워 둔다(12쪽의 A 참조).

스펀지케이크 시트

1. 볼에 달걀노른자와 사탕무 그래뉼러당 30g을 넣고, **(C)**뽀얗고 걸쭉해질 때까지 핸드믹서기를 고속으로 돌린다.

2. 또 다른 볼에 달걀흰자와 사탕무 그래뉼러당 50g을 넣고 핸드믹서기를 중속으로 돌려 **(D)**휘퍼로 떴을 때 끝이 뾰족하고 단단한 머랭을 만든다.

3. **(E)**2에 1을 넣고, 실리콘 주걱으로 가볍게 섞는다. 여기에 박력분을 체에 내려서 넣은 다음, **(F)**거품기로 퍼 올리면서 재료를 전체적으로 골고루 섞는다.

4. 가루가 남지 않고 잘 섞이면 녹인 버터와 현미유를 넣고 실리콘 주걱으로 젓는다.

5. 오븐팬에 반죽을 붓고, **(G)**스크레이퍼로 표면을 고르게 한 다음, 190℃의 오븐에 12분간 굽는다.

6. 오븐 페이퍼를 잡은 채로 오븐팬에 담긴 스펀지케이크를 미끄러뜨리듯이 작업대에 올린다. 반죽이 마르지 않도록 오븐팬에 깔았던 실리콘 매트를 케이크 위에 덮고(장갑을 끼고 한다), **(H)**스펀지케이크 옆면에 붙은 오븐 페이퍼를 벗겨 식힌다.

케이크 만들기

7. 딸기는 깨끗이 씻어 물기를 제거한 다음, 꼭지를 제거하고 끝부분을 살짝 자른다. **(I)**볼에 체를 올리고, 잘라낸 딸기 끝부분을 담아 실리콘 주걱으로 으깨어 퓌레 상태로 만든다. 끝부분을 잘라 낸 딸기 가운데 10개는 그대로 두고, 8개는 세로로 반으로 자른다. 초콜릿을 섞은 생크림에 레몬즙과 **(J)**7의

8. 딸기 퓌레를 넣고, 5분의 1 정도 되는 분량을 다른 볼에 옮겨 담아 냉장실에 넣어 차갑게 식힌다(코팅용). 나머지는 80% 휘핑한다(40쪽 참조).

A B C

D E F

9 스펀지케이크에 덮어 두었던 실리콘 매트
를 치우고 랩으로 덮은 다음, 거꾸로 뒤집고
(K)윗면에 붙어 있는 오븐 페이퍼를 벗긴
다. 스펀지케이크(갈색 면이 바닥을 향하게)에
8의 80% 휘핑한 크림을 팔레트 나이프로
고르게 바르고, **(L)**케이크를 말기 시작하는
부분에 딸기는 가로 방향으로 가지런히 놓
고, **(M)**케이크의 안쪽 부분에 반으로 자른
딸기를 두 줄로 나란히 놓는다.

10 **(N)**케이크를 랩째 들어 앞쪽에서부터 만다.
다 말면 랩으로 감싸 냉장실에 1시간 이상
차갑게 보관한다.

11 코팅용 크림을 냉장실에서 꺼내 80% 휘핑
한 다음, **(O)**케이크 표면에 팔레트 나이프
로 자국을 남기듯이 바른다. 장식용으로 쓸
딸기를 세로로 반을 잘라 케이크를 꾸미고,
원하는 두께로 나누어 썬다.

G	H	I

J	K	L

M	N	O

o

모카 롤케이크에 크림만 바르지 않고 바나나를 함께 넣는 것이 아틀리에 에이치 스타일입니다.
케이크에 포인트가 되어 줄 프랄린도 빠질 수 없지요.

바나나 모카 롤케이크

재료

(25×29cm 크기의 오븐팬 1개 분량)

공립법 스펀지케이크 시트(모카맛)

달걀노른자...3개 분량

첨채당...80g

박력분...50g

현미유...10g

커피 용액(하단 참조)...20ml

바나나...1과 2분의 1~2개

생크림(유지방 함유율 45~47%인 제품)...170ml

첨채당...10g

커피 용액(하단 참조)...20ml

커피 용액

원두커피(중간 분쇄)...30g

뜨거운 물...90ml

프랄린(만들기 쉬운 분량)

아몬드 슬라이스...40g

사탕무 그래뉼러당...40g

물...1작은술

준비

• 오븐팬을 두 개 겹치고, 여기에 실리콘 매트와 오븐 페이퍼를 깐다(48쪽의 A 참조)
• 오븐을 190℃로 예열한다.

커피 용액

1 볼에 중간 분쇄한 원두커피를 넣고 뜨거운 물을 부어 3분간 둔다. **(A)**체에 거르고(가능하면 망이 두 겹인 제품) 물기를 쫙 뺀 다음, 40ml를 계량한다(양이 부족할 때는 커피 찌꺼기가 남아 있는 체에 뜨거운 물을 부어 짠다).

2 커피 용액 20ml를 스펀지케이크 시트에 넣을 현미유와 합쳐 잘 섞어 둔다. 남은 커피 용액은 냉장실에 넣어 차갑게 식힌다.

스펀지케이크 시트

3 55쪽의 공립법 스펀지케이크 시트를 참조해서 만든다. **(B)**사탕무 그래뉼러당을 첨채당으로 바꾸고, 현미유를 현미유와 커피 용액을 섞은 것으로 바꾼다.

케이크 만들기

4 생크림에 첨채당과 남은 커피 용액을 넣고, 3분의 1 정도 되는 분량을 다른 볼에 옮겨 담아(토핑용) 냉장실에 넣어 식힌다. 나머지는 80% 휘핑한다(40쪽 참조).

5 스펀지케이크를 거꾸로 뒤집어 윗면의 오븐 페이퍼를 벗긴 다음, 랩을 덮어 다시 한번 뒤집는다. 스펀지케이크(갈색 면이 위로 오게)에 4의 80% 휘핑한 크림을 팔레트 나이프로 고르게 바른다. 바나나는 껍질을 벗기고 굴곡진 부분을 잘라 **(C)**한 줄로 반듯하게 놓는다.

6 **(D)**스펀지케이크를 랩째 들어서 한쪽 끝에서부터 만다. 랩으로 감싸 냉장실에 30분 이상 차갑게 보관한다.

7 프랄린을 만든다. 실리콘 매트를 깐 오븐팬에 아몬드 슬라이스를 펼치고 160℃로 예열한 오븐에 8분간 굽는다. 냄비에 사탕무 그래뉼러당과 물을 넣고 뚜껑을 덮어 약불에 올린다. 색을 띠기 시작하면 뚜껑을 열고, 가끔 냄비를 흔들어 전체적으로 갈색빛이 돌면 불을 끈다. **(E)**아몬드를 넣어 섞은 다음, **(F)**실리콘 매트 위에 넓게 펼쳐 식힌다.

8 6을 원하는 두께로 자르고 냉장실에서 남은 크림을 꺼내 60% 휘핑한 후, 케이크 윗면에 숟가락으로 얹고, 작게 쪼개진 프랄린으로 장식한다.

A

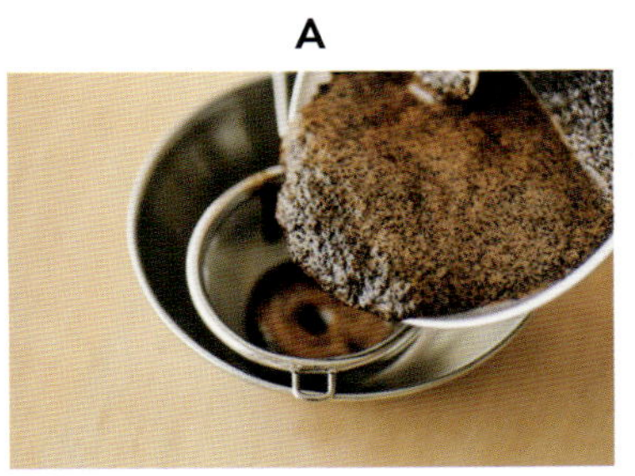

B

C

D

E

F

초여름에 제철을 맞이하는 빙체리를 넣은 롤케이크는 차갑게 보관했다가 입 안에서 살살 녹여 드세요.

앵두 초콜릿 롤케이크

재료

(25×29cm 크기의 오븐팬 1개 분량)

별립법 스펀지케이크 시트(코코아맛)

달걀노른자...3개 분량

사탕무 그래뉼러당...30g

현미유...20g

달걀흰자...3개 분량

사탕무 그래뉼러당...50g

쌀가루(박력분도 사용 가능)...40g

코코아파우더...10g

초콜릿 크림

세미 스위트 초콜릿(제과용)...60g

생크림(유지방 함유율 45~47%인 제품)...200ml

우유...20ml

빙체리 콩포트(124쪽 참조)...12~13알

토핑용 생크림, 사탕무 그래뉼러당, 앵두,

민트 잎...각각 적당량

준비

• 오븐팬을 두 개 겹치고, 여기에 실리콘 매트와 오븐 페이퍼를 깐다(48쪽의 A 참조)

• 오븐을 180℃로 예열한다.

초콜릿 크림

1 초콜릿은 잘게 다진다. 냄비에 생크림 20ml와 우유를 붓고 약불에 올려 데운다.

2 냄비를 불에서 내린 후, 초콜릿을 넣고 실리콘 주걱으로 저어 녹인다. (A)남은 생크림을 조금씩 넣어 가면서 잘 섞는다. 볼에 옮겨 담고 냉장실에 넣어 차갑게 식힌다.

스펀지케이크 시트

3 48쪽의 별립법 스펀지케이크 시트를 참조해서 만드는데(4는 건너뛴다), 달걀노른자에 사탕무 그래뉼러당 30g을 첨가해 뽀얀 색을 띨 때까지 거품을 낸 다음, 현미유를 첨가한다. 그런 다음 머랭과 합치고, (B·C)박력분을 쌀가루와 코코아파우더로 바꿔 함께 체에 내려 섞는다. 180℃의 오븐에 11분간 굽는다.

케이크 만들기

4 빙체리 콩포트는 키친 타월에 올려 물기를 뺀다.

5 (D)2를 냉장실에서 꺼내 90% 휘핑한다(40쪽 참조).

6 스펀지케이크에 덮어 두었던 실리콘 매트를 치우고, 랩을 덮어 케이크를 거꾸로 뒤집은 다음, 윗면의 오븐 페이퍼를 벗긴다. (E) 스펀지케이크(갈색 면이 아래로 향하게)에 5를 팔레트 나이프로 고르게 바른 다음, (F)말기 시작하는 부분에 체리를 일렬로 가지런히 놓는다.

7 랩째 들어 케이크를 한쪽 끝에서부터 만다. 다 말면 랩으로 감싸 냉장실에 30분 이상 차갑게 보관한 다음, 원하는 두께로 자른다. 사탕무 그래뉼러당을 넣고 60% 휘핑한 생크림을 윗면에 숟가락으로 떠서 올리고, 앵두와 민트 잎으로 꾸민다.

A

D

B

E

C

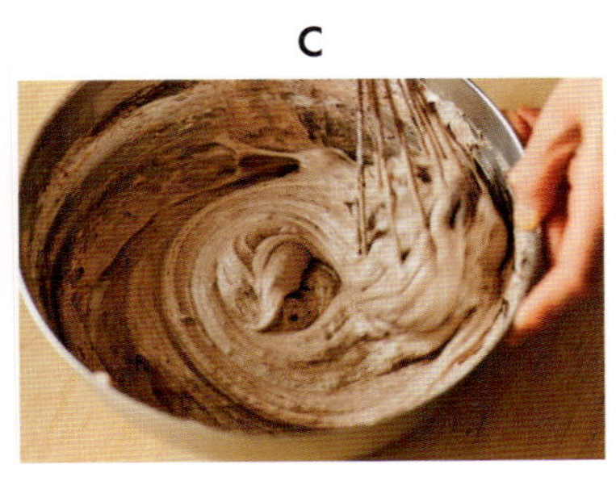

F

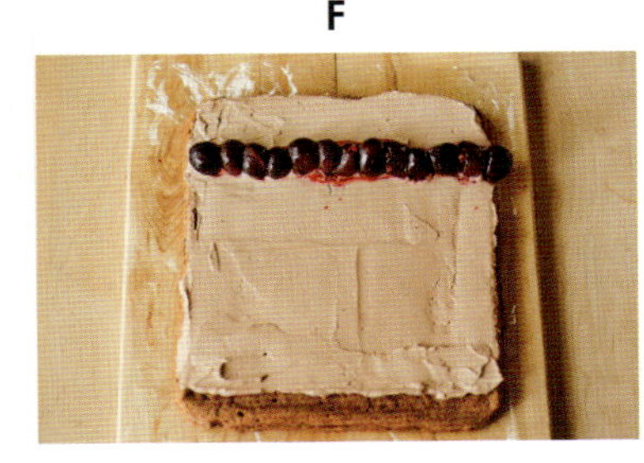

조금 특별한 과일 두 가지가 들어가는 여름 한정 케이크로, 한 입씩 잘라 먹을 때마다 다른 맛을 느낄 수 있습니다.

망고 살구 롤케이크

재료

(25×29cm 크기의 오븐팬 1개 분량)

공립법 스펀지케이크 시트(플레인)

달걀...3개

사탕무 그래뉼러당...80g

박력분...50g

현미유...30g

살구 콩포트(125쪽 참조)...10조각

망고...2분의 1개

생크림(유지방 함유율 45~47%인 제품)...200ml

사탕무 그래뉼러당...5g

레몬즙...1작은술

준비

- 오븐팬을 두 개 겹치고, 여기에 실리콘 매트와 오븐 페이퍼를 깐다(48쪽의 A 참조)
- 오븐을 190℃로 예열한다.

스펀지케이크 시트

1 볼에 달걀과 사탕무 그래뉼러당을 넣고, 핸드믹서기를 저속으로 돌리다가 사탕무 그래뉼러당이 잘 섞이면 고속으로 돌려 거품을 낸다.

2 (A)반죽을 휘퍼로 떴을 때 자국이 뚜렷하게 남는 정도가 되면 휘퍼를 볼 바닥에서 살짝 띄운 상태에서 저속으로 돌려 곱게 섞는다.

3 박력분을 체에 내려서 넣고, (B)거품기로 퍼올리면서 반죽 전체를 골고루 섞는다.

4 가루가 남지 않을 정도로 섞은 뒤, 현미유를 붓고 실리콘 주걱으로 젓는다.

5 (C)반죽을 오븐팬에 붓고, 표면을 고르게 한 다음, 190℃의 오븐에 12분간 굽는다.

6 오븐 페이퍼를 잡은 채로 오븐팬에 담긴 스펀지케이크를 미끄러뜨리듯이 작업대에 올린다. 반죽이 마르지 않도록 오븐팬에 깔았던 실리콘 매트를 케이크 위에 덮고(장갑을 끼고 한다), 스펀지케이크 옆면에 붙은 오븐 페이퍼를 벗겨 식힌다.

케이크 만들기

7 망고는 껍질을 벗기고 씨를 제거한 다음, 반달 모양으로 썬다. (D)살구 콩포트는 키친타월에 올려 물기를 뺀다.

8 생크림에 사탕무 그래뉼러당과 레몬즙을 넣고, 80% 휘핑한다(40쪽 참조).

9 스펀지케이크를 거꾸로 뒤집은 다음, 윗면의 오븐 페이퍼를 벗기고, 랩을 덮어 다시 거꾸로 뒤집는다. 스펀지케이크(갈색 면이 위로 향하게)에 8을 팔레트 나이프로 고르게 바르고, (E)살구와 망고를 3cm 간격으로 번갈아 가며 각각 두 줄을 올린다.

10 (F)케이크를 랩째 들어 한쪽 끝에서부터 만다. 랩으로 싸서 냉장실에 30분 이상 차갑게 보관한 다음, 원하는 두께로 자른다.

A   B   C

D   E   F

복숭아를 콩포트로 만들어 넣어 여름에만 맛볼 수 있는 롤케이크입니다. 바바루아에도 복숭아 퓌레를 첨가했습니다.

복숭아 바바루아 롤케이크

재료

(25×29cm 크기의 오븐팬 1개 분량)

별립법 스펀지케이크 시트(플레인)

달걀노른자…3개 분량

사탕무 그래뉼러당…30g

달걀흰자…3개 분량

사탕무 그래뉼러당…50g

박력분…50g

현미유…30g

복숭아 바바루아

복숭아 콩포트(124쪽 참조)…4조각(150g)

젤라틴 가루…3g

물…2작은술

사탕무 그래뉼러당…20g

생크림(유지방 함유율 45~47%인 제품)…130ml

복숭아 콩포트…4조각

준비

• 오븐팬을 두 개 겹치고, 여기에 실리콘 매트와 오븐 페이퍼를 깐다(48쪽의 A 참조)

• 오븐을 190℃로 예열한다.

스펀지케이크 시트

1 48쪽의 별립법 스펀지케이크 시트를 참조해서 만드는데, 버터와 현미유를 함께 녹여서 넣지 않고 현미유만 사용한다.

복숭아 바바루아

2 (A)복숭아 콩포트는 껍질을 벗긴 다음 블렌더나 믹서기에 돌려 퓌레 상태로 만든다.

3 접시에 물을 붓고, 젤라틴 가루를 뿌려 불린다.

4 생크림을 80% 휘핑한 후(40쪽 참조), 냉장실에 넣어 차갑게 식힌다.

5 냄비에 2의 절반 분량을 넣어 약불에 올린 다음, 끓기 직전에 불에서 내리고, 3을 첨가해 실리콘 주걱으로 저어 녹인다. 그런 다음 사탕무 그래뉼러당을 첨가해 섞는다.

6 2의 나머지 절반 분량을 넣고 섞은 다음, (B)냄비 바닥을 얼음물에 담근 채로 걸쭉해질 때까지 섞는다.

7 냄비를 얼음물에서 건진 다음, (C)4를 세 번에 나눠 넣고 잘 섞는다.

케이크 만들기

8 복숭아 콩포트는 껍질을 벗겨 절반 두께로 자른 다음(8분의 1개 분량이 된다), 키친 타월에 올려 물기를 뺀다.

9 스펀지케이크에 덮어 두었던 실리콘 매트를 치우고, 랩을 덮어 케이크를 거꾸로 뒤집은 다음, 윗면의 오븐 페이퍼를 벗긴다. 케이크를 랩째 들어 오븐팬으로 옮긴 다음, (D)스펀지케이크(갈색 면이 아래로 향하게)에 7을 팔레트 나이프로 고르게 바르고, (E)8을 6cm 간격으로 두 줄 올린다. 그대로 냉장실에 넣어 15분 정도 차갑게 식힌다.

10 오븐팬에서 케이크를 랩째 들어 올려 작업대에 놓는다. (F)케이크를 랩째 들어 한쪽 끝에서부터 만다. 말린 케이크를 랩으로 감싸 냉장실에 1시간 이상 차갑게 굳힌 다음, 원하는 두께로 자른다.

※ 스펀지케이크 시트에 버터를 넣지 않고 현미유를 첨가하면 좀 더 폭신하고 가벼운 케이크가 만들어진다.

A

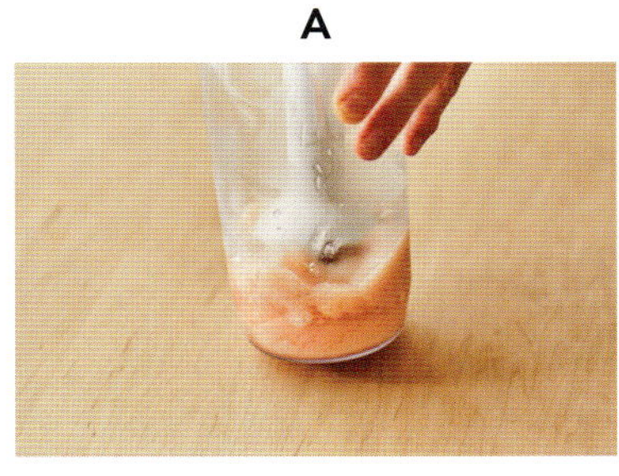

B

C

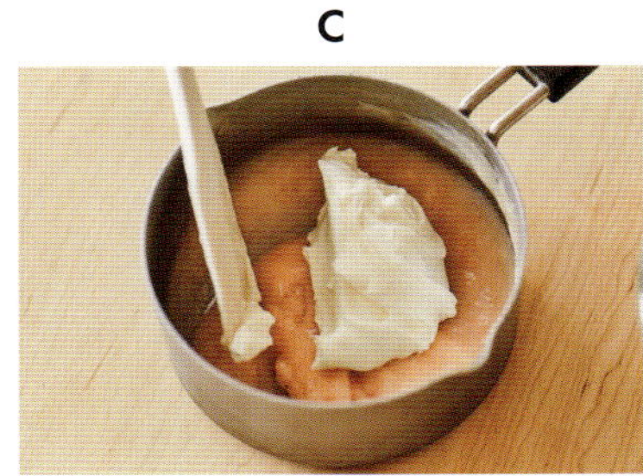

D

E

F

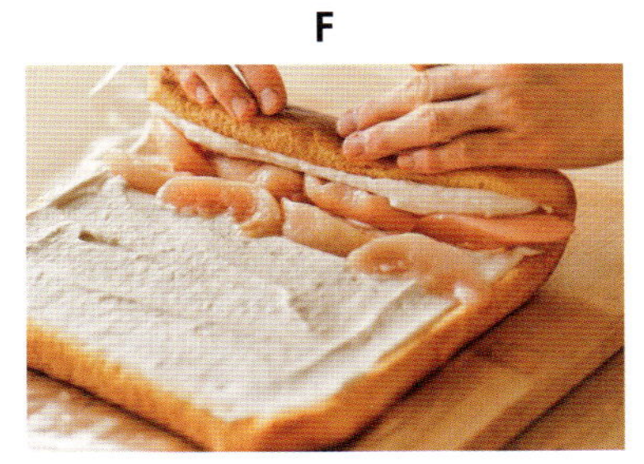

캐러멜맛 케이크와 신선한 무화과는 어른스러운 입맛에 잘 어울리는 조합입니다.

무화과 캐러멜 롤케이크

Autumn

재료

(25×29cm 크기의 오븐팬 1개 분량)

별립법 스펀지케이크 시트(캐러멜맛)

달걀노른자...3개 분량

캐러멜 소스(하단 참조)...30g

달걀흰자...3개 분량

사탕무 그래뉼러당...50g

박력분...50g

시나몬파우더...4분의 1작은술

현미유...20g

무화과...4~6개

생크림(유지방 함유율 45~47%인 제품)...200ml

사탕무 그래뉼러당...10g

캐러멜 소스(하단 참조)...15g

※ 스펀지케이크 시트에 넣고 남은 양을 모두 써도 된다.

럼주(취향껏)...약간

캐러멜 소스

사탕무 그래뉼러당...40g

뜨거운 물...1작은술

뜨거운 물...2큰술

무화과잼(126쪽 참조)...적당량

준비

• 오븐팬을 두 개 겹치고, 여기에 실리콘 매트와 오븐 페이퍼를 깐다(48쪽의 A 참조)
• 오븐을 190°C로 예열한다.

캐러멜 소스

1 냄비에 사탕무 그래뉼러당과 뜨거운 물 1작은술을 넣고 뚜껑을 덮어 약불에 올린다. 사탕무 그래뉼러당이 녹으면서 색을 띠기 시작하면 뚜껑을 열고 가끔 냄비를 흔들다가 전체적으로 갈색빛을 띠면 불을 끈다. (A) 뜨거운 물 2큰술을 조금씩 부은 다음, 냄비를 살살 흔들어 잘 섞는다. (B)내열 실리콘 주걱으로 내용물을 고르게 섞어 식힌다.

스펀지케이크 시트

2 48쪽의 별립법 스펀지케이크 시트를 참조해서 만드는데, (C)달걀노른자에 들어가는 사탕무 그래뉼러당을 캐러멜 소스로 바꾼다. 시나몬파우더는 박력분과 합쳐 체에 내려서 넣는다. 버터와 현미유를 함께 녹여서 넣지 않고, 현미유만 사용한다.

케이크 만들기

3 (D)무화과는 껍질을 벗겨 세로로 4~6조각으로 자른다.

4 생크림에 사탕무 그래뉼러당과 캐러멜 소스, 취향에 따라 럼주를 첨가하고 80% 휘핑한다(40쪽 참조).

5 스펀지케이크를 거꾸로 뒤집어 윗면의 오븐 페이퍼를 벗긴 다음, 랩을 덮어 다시 거꾸로 뒤집는다. (E)스펀지케이크(갈색 면이 위로 향하게)에 4를 팔레트 나이프로 고르게 바른 다음, (F)무화과를 3cm 간격으로 네 줄 올린다.

6 케이크를 랩째 들어 올려 한쪽 끝에서부터 만다. 랩으로 감싸 냉장실에 넣어 30분 이상 차갑게 보관한 다음, 원하는 두께로 자른다. 무화과잼을 곁들인다.

A

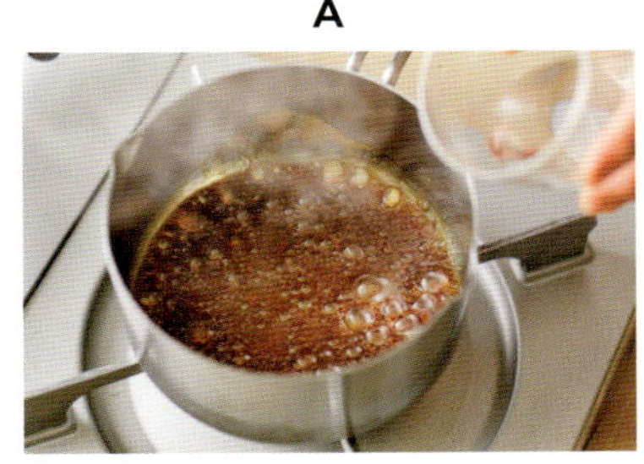

B

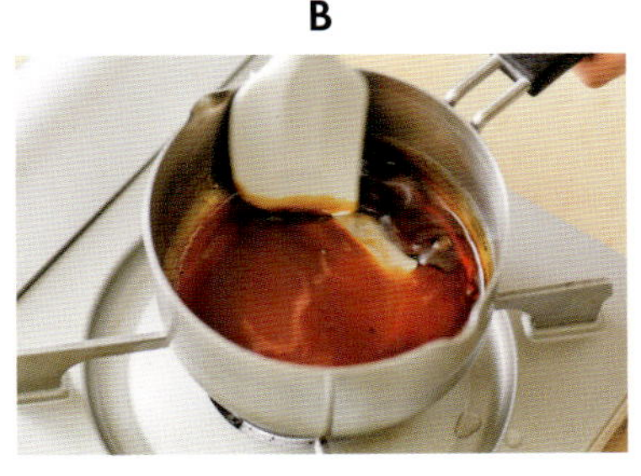

C

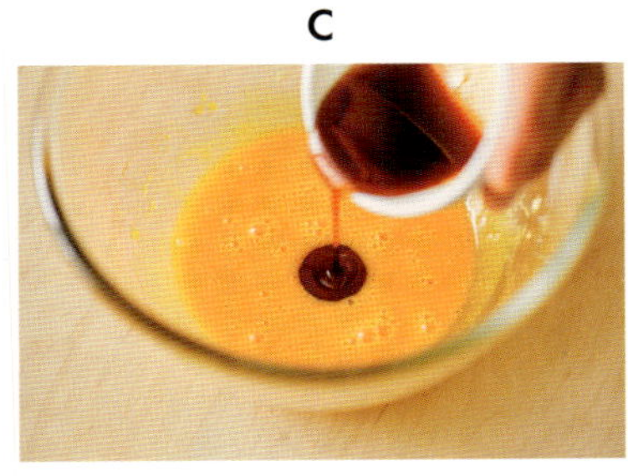

D

E

F

밤 초콜릿 롤케이크

Autumn

재료

(25×29cm 크기의 오븐팬 1개 분량)

별립법 스펀지케이크 시트(초콜릿맛)

　달걀노른자...3개 분량
　첨채당...20g
　달걀흰자...3개 분량
　첨채당...50g
　박력분...45g
　세미 스위트 초콜릿(제과용)...40g
　현미유...10g
　생크림(유지방 함유율 45~47%인 제품)...200ml
　첨채당...10g
　럼주...약간

밤 소보로

　껍질 있는 밤...200g
　첨채당...20g

가나슈

　세미 스위트 초콜릿(제과용)...20g
　우유...2작은술

준비

• 오븐팬을 두 개 겹치고, 여기에 실리콘 매트와 오븐 페이퍼를 깐다(48쪽의 A 참조)
• 오븐을 190℃로 예열한다.
• 스펀지케이크에 들어가는 초콜릿은 잘게 다진 후, 현미유와 함께 중탕으로 녹이고 식지 않도록 데워 둔다(12쪽의 A 참조).

밤 소보로

1 큰 냄비에 밤을 넣고 물을 가득 부어 중불에 올린다. 물이 끓기 시작하면 약한 중불에서 1시간 동안 삶아 체에 건진다.

2 식칼로 반을 자른 다음, 숟가락으로 속을 파내어(32쪽의 A·B 참조) 볼에 담는다. 150g을 계량한 다음, 여기에 첨채당을 넣어 잘 섞는다.

스펀지케이크 시트

3 48쪽의 별립법 스펀지케이크 시트를 참조해서 만드는데, 사탕무 그래뉼러당을 첨채당으로 바꾼다. **(A·B)** 녹인 버터와 현미유 대신 초콜릿과 현미유를 합쳐 사용한다. 190℃ 오븐에 11분간 굽는다.

케이크 만들기

4 생크림에 첨채당과 럼주를 넣어 80% 휘핑한다(40쪽 참조).

5 스펀지케이크에 덮어 두었던 실리콘 매트를 치우고, 랩을 덮어 거꾸로 뒤집은 다음, 윗면의 오븐 페이퍼를 벗긴다. **(C)** 스펀지케이크(갈색 면이 아래로 향하게)에 팔레트 나이프로 4를 고르게 바른 다음, **(D·E)** 밤 소보로를 전체적으로 뿌리고, 손으로 가볍게 누른다.

6 케이크를 랩째 들어 한쪽 끝에서부터 만다. 말린 케이크를 랩으로 싸서 냉장실에 30분 이상 차갑게 보관한다.

7 가나슈를 만든다. 초콜릿은 잘게 다진다. 작은 냄비에 우유를 담아 약불에 올린 후, 우유가 끓으면 불을 끄고 초콜릿을 넣는다. 매끄러워질 때까지 실리콘 주걱으로 잘 젓는다. 짤주머니에 담고, **(F)** 짤주머니 끝을 살짝 잘라 케이크 윗면에 짠다.

A　　B　　C

D　　E　　F

사과와 서양배는 손쉽게 콩포트로 만들 수 있으니 한번 만들어 보세요. 홍차는 얼그레이를 추천합니다.

서양배와 사과를 넣은 홍차 롤케이크

재료

(25×29cm 크기의 오븐팬 1개 분량)

별립법 스펀지케이크 시트(홍차맛)

달걀노른자...3개 분량

첨채당...30g

달걀흰자...3개 분량

첨채당...50g

박력분...50g

홍차 용액(하단 참조)...20ml

현미유...10g

사과 콩포트(127쪽 참조)...사과 1개 분량

서양배 콩포트(126쪽 참조)...서양배 1개 분량

생크림(유지방 함유율 45~47%인 제품)...200ml

첨채당...10g

홍차 용액

홍차 잎(얼그레이)...10g

※ 홍차는 잎이 큰 것을 사용한다.

뜨거운 물...60ml

준비

• 오븐팬을 두 개 겹치고, 여기에 실리콘 매트와 오븐 페이퍼를 깐다(48쪽의 A 참조)
• 오븐을 190°C로 예열한다.

홍차 용액

1 용기에 홍차 잎을 넣고 뜨거운 물을 부은 다음, 뚜껑을 덮은 채로 5분간 둔다. 체에 거르고 홍차 잎을 짠 다음, 홍차 용액 35ml를 계량한다(양이 부족할 때는 사용한 찻잎이 남아 있는 체에 뜨거운 물을 부어 찻잎을 짠다).
2 홍차 용액 20ml를 스펀지케이크에 들어갈 현미유와 합쳐서 잘 섞어 둔다. 남은 홍차액은 냉장실에 넣어 차갑게 식힌다.

스펀지케이크 시트

3 48쪽의 별립법 스펀지케이크 시트를 참조해서 만든다. 사탕무 그래뉼러당을 첨채당으로 바꾸고, (A)녹인 버터와 현미유 대신 홍차 용액과 현미유를 섞어 사용한다. 반죽을 오븐팬에 붓고, 표면을 고르게 한 다음 (B)홍차 잎(분량 외)을 끝에서 4분의 1 정도의 위치(케이크를 말았을 때 윗면이 되는 위치)에 뿌려서 굽는다.

케이크 만들기

4 서양배 콩포트는 절반 두께로 자른다. (C)사과와 서양배 콩포트를 키친 타월에 올려 물기를 뺀다.
5 (D)생크림에 첨채당과 남은 홍차 용액을 넣고, 80% 휘핑한다(40쪽 참조).
6 스펀지케이크에 덮어 두었던 실리콘 매트를 치우고, 랩을 덮어 케이크를 거꾸로 뒤집은 다음, 윗면의 오븐 페이퍼를 벗긴다. 스펀지케이크(갈색 면이 아래를 향하게)에 5를 팔레트 나이프로 고르게 바른 다음, (E)사과와 서양배를 3cm 간격으로 번갈아 가며 각각 두 줄씩 올린다.
7 (F)케이크를 랩째 들어 한쪽 끝에서부터 만다(홍차 잎을 뿌린 자리가 윗면에 오게 한다). 랩으로 감싸 냉장실에 넣어 30분 이상 차갑게 보관한 후, 원하는 두께로 썬다.

A B C

D E F

백앙금을 넣은 반죽을 쪄서 만드는 일본의 '우키시마(浮島)'라는 화과자의 느낌을 닮은 케이크를
만들어 보았습니다. 유자의 향을 한껏 살린 일본풍 롤케이크예요.

유자 백앙금 롤케이크

재료

(25×29cm 크기의 오븐팬 1개 분량)

별립법 쌀가루 스펀지케이크 시트(백앙금맛)

| 달걀노른자...3개 분량 |
| 첨채당...25g |
| 무염 버터...30g |
| 백앙금(시판 제품)...50g |
| 간 유자 껍질...1개 분량 |
| 달걀흰자...3개 분량 |
| 첨채당...50g |
| 쌀가루...45g |
| 생크림(유지방 함유율 45~47%인 제품)...150ml |
| 백앙금(시판 제품)...50g |
| 유자잼(129쪽 참조)...60g |
| 유자 필(129쪽 참조)...적당량 |

준비

- 오븐팬을 두 개 겹치고, 여기에 실리콘 매트와 오븐 페이퍼를 깐다(48쪽의 A 참조)
- 오븐을 190℃로 예열한다.
- 버터를 중탕으로 녹이고, **(A)**여기에 백앙금 50g을 넣어 거품기로 잘 섞은 다음, 식지 않도록 데워 놓는다(12쪽의 A 참조).

스펀지케이크 시트

1 48쪽의 별립법 스펀지케이크 시트를 참조해서 만드는데(4는 건너뛴다), 사탕무 그래뉼러당을 첨채당으로, 박력분을 쌀가루로 바꾼다. 달걀노른자에 첨채당을 넣어 뽀얀 색을 띨 때까지 거품을 낸 다음, **(B)**버터와 백앙금을 함께 녹인 것과 간 유자 껍질을 넣는다. 190℃의 오븐에 11분간 굽는다.

케이크 만들기

2 **(C)**생크림에 백앙금을 넣고, 80% 휘핑한다(40쪽 참조).

3 스펀지케이크를 거꾸로 뒤집어 윗면의 오븐 페이퍼를 벗기고, 랩을 덮어 다시 거꾸로 뒤집는다. **(D)**숟가락으로 스펀지케이크(갈색 면이 위로 향하게)에 유자잼을 넓게 펴 바른 다음, **(E)**2를 팔레트 나이프로 고르게 바른다.

4 **(F)**케이크를 랩째 들어 한쪽 끝에서부터 만다. 말린 케이크를 랩으로 감싸 냉장실에 1시간 이상 차갑게 보관한 후, 원하는 두께로 썰고, 윗면에 유자 필을 올린다.

A   B   C

D   E   F

등글게 썬 레몬과 금귤을 함께 넣어 구운 스펀지케이크 안에 황금향 과육과 금귤을 올려 말았습니다.

감귤 롤케이크

Winter

재료

(25×29cm 크기의 오븐팬 1개 분량)

별립법 스펀지케이크 시트(레몬맛)

달걀노른자...3개 분량
사탕무 그래뉼러당...30g
달걀흰자...3개 분량
사탕무 그래뉼러당...50g
박력분...50g
무염 버터...30g
레몬(국산 무농약)...1개
금귤...6개
황금향...1개

※ 천혜향 같은 다른 국산 감귤류를 사용해도 된다.

사탕무 그래뉼러당...1작은술
벌꿀...20g
생크림(유지방 함유율 45~47%인 제품)...170ml
화이트초콜릿(제과용)...15g
벌꿀...10g

준비

• 오븐팬을 두 개 겹치고, 여기에 실리콘 매트와 오븐 페이퍼를 깐다(48쪽의 A 참조).
• 오븐을 190℃로 예열한다.
• 버터를 중탕으로 녹여 식지 않도록 데워 놓는다(12쪽의 A 참조).
• 초콜릿은 잘게 다져 중탕으로 녹인다. 생크림을 조금씩 부어 가며 실리콘 주걱으로 저은 다음, 냉장실에 넣어 차갑게 식힌다.

스펀지케이크 시트

1 레몬과 금귤은 깨끗이 씻는다. 레몬은 둥글고 얇게 5~6장을 썰어 트레이에 가지런히 놓는다. 금귤은 둥글고 얇게 썰어 씨를 제거한 후, 모양이 예쁜 것을 15장 골라 트레이에 가지런히 놓는다. **(A)**여기에 사탕무 그래뉼러당 1작은술을 체에 내려서 뿌린다.

2 1에서 남은 레몬은 껍질을 갈고(표면의 노란 부분만), 과즙은 짜서 1작은술을 계량한다. 둥글게 썬 금귤 중 남은 것은 다른 트레이에 가지런히 담고, 벌꿀 20g을 뿌려 둔다. **(B·C)**황금향은 칼로 겉껍질을 잘라 낸 후, 칼날을 이용해 과육을 속껍질에서 분리한다.

3 1의 물기를 키친 타월로 닦아 내고, 오븐팬에 보기 좋게 올린다. 스펀지케이크 시트는 48쪽의 별립법 스펀지케이크 시트를 참조해서 만드는데, 박력분을 넣은 뒤에 간 레몬 껍질을 넣고, 녹인 버터와 현미유를 섞어 쓰지 않고 오직 버터만 넣는다. **(D)**반죽을 오븐팬에 부어 굽는다.

케이크 만들기

4 황금향과 벌꿀을 뿌려 두었던 금귤은 키친 타월에 올려 물기를 뺀다.

5 냉장실에서 생크림과 초콜릿을 섞은 것을 꺼내 벌꿀 10g과 2의 레몬즙을 넣은 다음, 80% 휘핑한다(40쪽 참조).

6 **(E)**스펀지케이크를 거꾸로 뒤집어 윗면의 오븐 페이퍼를 벗기고, 랩을 덮어 다시 거꾸로 뒤집는다. 스펀지케이크(갈색 면이 위로 향하게)에 5를 팔레트 나이프로 고르게 바른 다음, **(F)**황금향 세 줄과 금귤 두 줄을 번갈아 가며 올린다.

7 케이크를 랩째 들어 한쪽 끝에서부터 만다. 말린 케이크는 랩으로 싸서 냉장실에 30분 이상 차갑게 보관한다.

A B C

D E F

TABLEWARE

다양하게
쓸 수 있는 접시

흰색 접시나 자연 소재의 제품은
케이크를 한층 더 맛있어 보이게 합니다.
흰색 접시라고 해도 워낙 종류가 다양하므로
어떤 케이크나 과자에 어떤 접시가 어울리는지 비교해 보는 재미가 있습니다.

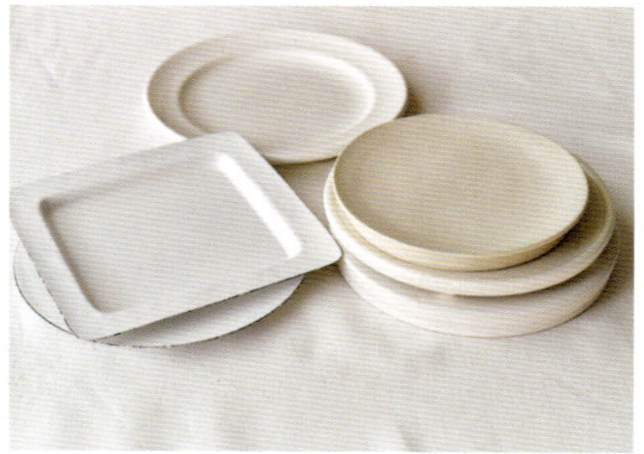

흰색 접시

홀 케이크를 얹거나 담기에는 지름이 18~23cm인 접시가
좋습니다. 평평한 부분이 넓고, 가장자리가 높지 않은 것이
케이크를 담거나 먹기 편합니다.

작은 접시

작은 접시에 담으면 케이크나 과자가 귀여워 보이는 효과
가 있다 보니 조금씩 사 모으게 되었습니다. 꼭 세트로 사
지 않아도 됩니다. 과일이나 화과자를 담아도 잘 어울립
니다.

타원형의 큰 접시

롤케이크나 파운드케이크를 담기 좋습니다. 그 자리에서
직접 케이크를 나누어 자르거나 덜어 먹기도 편합니다. 타
원형이라 방향에 따라 보이는 모습이 달라 (추가) 케이크를
어떤 식으로 놓을지 고민하는 재미도 있습니다.

나무 도마

나무의 질감을 좋아합니다. 도마뿐만 아니라 트레이나 접
시로도 활용할 수 있고, 바깥에 꺼내 놓아도 마치 소품 같
은 느낌을 주다 보니 어느 사이엔가 하나둘씩 늘어났습
니다.

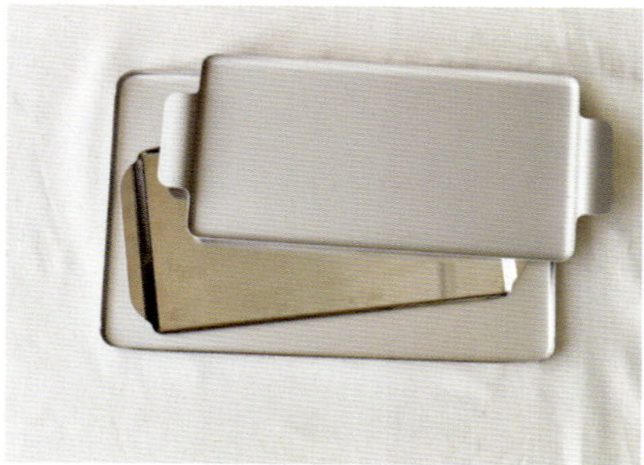

금속 트레이

넓게 편 반죽이나 롤케이크를 냉장실에 넣어 차갑게 식힐
때 자주 사용합니다. 쟁반이나 접시 대신 작은 케이크나 과
자를 가지런히 올려놓는 용도로 쓰기도 합니다.

종이 냅킨

입을 닦거나 과자를 포장하기도 하고, 테이블 장식에 포인
트를 주기도 합니다. 저렴한 가격으로도 계절감이나 분위
기를 연출할 수 있습니다.

3
제철 과일로 만든 타르트와 파이

아몬드 크림 위에 바싹 구운 딸기와 바싹 졸인 딸기 소스, 신선한 생딸기까지 세 가지 맛의 딸기를 즐길 수 있습니다.

딸기 타르트

재료

(지름 16cm인 타르트 링 1개 분량)

타르트 반죽(플레인)

무염 버터...60g

와산본 설탕(또는 분당)...30g

소금...약간

달걀노른자...1개 분량

박력분...100g

덧가루(강력분)...적당량

아몬드 크림

무염 버터...60g

첨채당(또는 사탕수수 원당)...45g

달걀...1개

아몬드 가루...60g

박력분...15g

키르슈바서...1작은술

딸기 마리네이드

딸기(작은 것)...8개

사탕무 그래뉼러당...딸기 무게의 10%

레몬즙...2분의 1작은술

딸기 소스

딸기...100g(꼭지를 제거한 알맹이의 무게)

사탕무 그래뉼러당...30g

레몬즙...2작은술

토핑용 딸기(작은 것)...약 20개

생크림...적당량

준비

• 버터, 달걀노른자, 달걀을 실온에 미리 꺼내 둔다.

타르트 반죽

1 볼에 버터를 담고 실리콘 주걱으로 부드럽게 푼 다음, 와산본 설탕과 소금을 넣어 잘 섞는다.

2 **(A)**여기에 달걀노른자를 넣어 섞은 다음, **(B)**박력분을 체에 내려서 넣고, 전체적으로 잘 섞이면 한 덩어리로 뭉친다. 작업대에 덧가루를 뿌리고 반죽을 올린 다음, **(C)**손바닥 아랫부분으로 꾹꾹 눌러 가며 반죽을 치댄다. **(D)**반죽을 160g과 40g으로 나누어 각각 랩으로 싼 다음, 냉장실에 넣어 1시간 이상 휴지한다.

작업대에 랩을 깔고 160g짜리 반죽을 올린 다음, **(E·F)**덧가루를 가끔 뿌려 가며 밀대로 밀어 두께 3mm, 크기는 타르트 링보다 조금 더 큰 원이 되게 반죽을 늘린다. 작업대에 실리콘 매트를 깔고 틀을 놓은 다음, **(G)**반죽을 랩째 든 다음, 거꾸로 뒤집어 타르트 링에 덮는다. 반죽을 틀에 맞춰 깐 다음, **(H)**남는 반죽은 칼로 잘라 낸다. 랩을 덮고 실리콘 매트째 트레이 등에 담아 냉장실에 넣어 1시간 이상 휴지한다.

4 오븐을 160°C로 예열한다. 반죽을 실리콘 매트째 오븐팬에 올리고, **(I)**반죽을 오븐 페이퍼로 덮고 누름돌을 깐 다음, 160°C의 오븐에 15분간 굽는다. 그런 다음 누름돌과 오븐 페이퍼를 치우고, 다시 10~15분간 전체적으로 노릇노릇하게 굽는다. **(J)**반죽을 틀에서 빼지 않고, 그대로 식힘망에 올려 식힌다.

딸기 마리네이드

5 딸기를 깨끗이 씻어 물기를 제거한 후, 꼭지를 따고 반으로 자른다. 볼에 담고, 사탕무 그래뉼러당과 레몬즙을 넣어 잘 섞는다.

아몬드 크림

6 볼에 버터를 넣고, 부드러운 크림 상태가 될 때까지 실리콘 주걱으로 푼다. 첨채당을 넣고 잘 섞은 다음, 주걱을 내려놓고 거품기로 다시 골고루 섞는다.

A

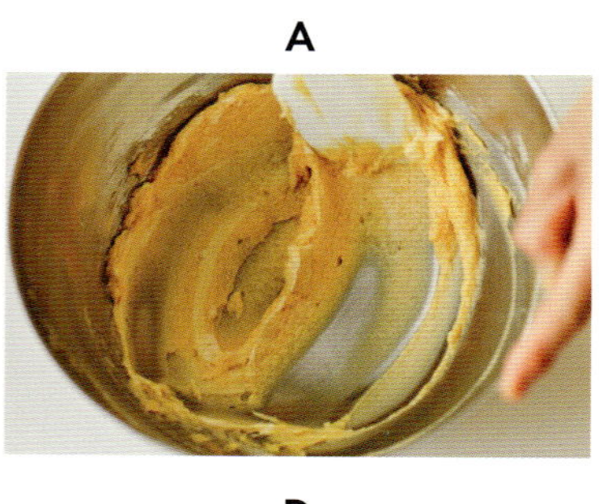

B

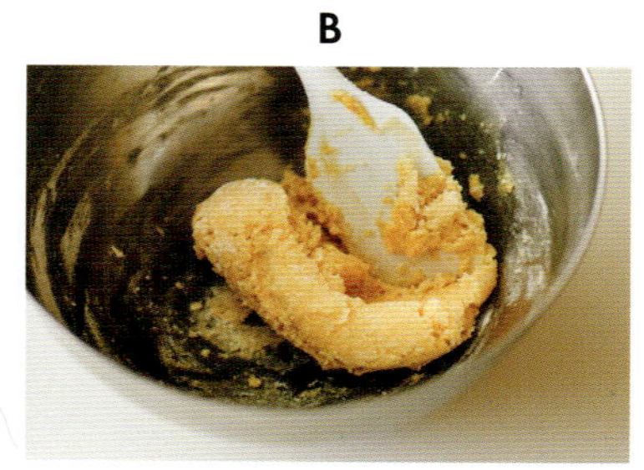

C

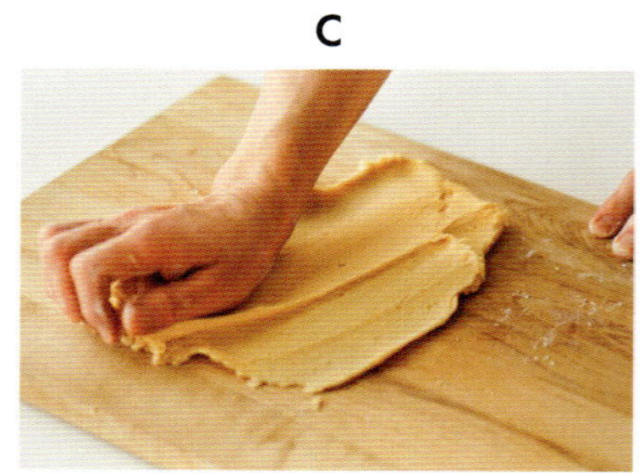

D

E

F

7 달걀물을 세 번에 나눠 넣고, 그때마다 잘 섞는다.

8 아몬드 가루와 박력분을 함께 체에 내려서 넣고, 실리콘 주걱으로 부드러워질 때까지 젓는다. 키르슈바서를 첨가하고 골고루 섞는다.

9 (K)크림을 타르트에 부어(조금 남는다) 표면을 고르게 한 다음, (L)5를 키친 타월로 물기를 제거해 그 위에 올린다. 160℃로 예열한 오븐에 35분간 구운 후, 틀에서 꺼내어 식힘망에 올려 식힌다.

마무리

10 토핑용 딸기는 깨끗이 씻어 물기를 제거하고 꼭지를 잘라 낸다.

11 딸기 소스를 만든다. 딸기는 블렌더나 믹서기에 갈아 퓌레 상태로 만들어 냄비에 붓는다. 여기에 사탕무 그래뉼러당과 레몬즙을 넣고 약불에 올려 5~10분 정도 졸인다.

12 (M)소스가 뜨거운 상태에서 토핑용 딸기를 한 개씩 담갔다 빼서 (N)타르트 위에 얹는다. 먹기 좋은 크기로 잘라 접시에 담고, 거품 낸 생크림을 올린다.

※ 타르트 반죽은 2 혹은 3의 상태로 냉장실에 3일간, 냉동실에 약 한 달간 보관할 수 있다.
※ 남은 타르트 반죽 40g은 작은 틀(지름 10cm)에 깔고, 남은 아몬드 크림과 딸기를 넣어 함께 구우면 (O)작은 타르트를 만들 수 있다. 또 남은 타르트 반죽으로 쿠키를 만드는 방법도 있다(43쪽 참조).
※ 지름이 20cm인 타르트 링을 사용할 때는 타르트 반죽과 아몬드 크림을 남기지 말고 전부 쓴다.

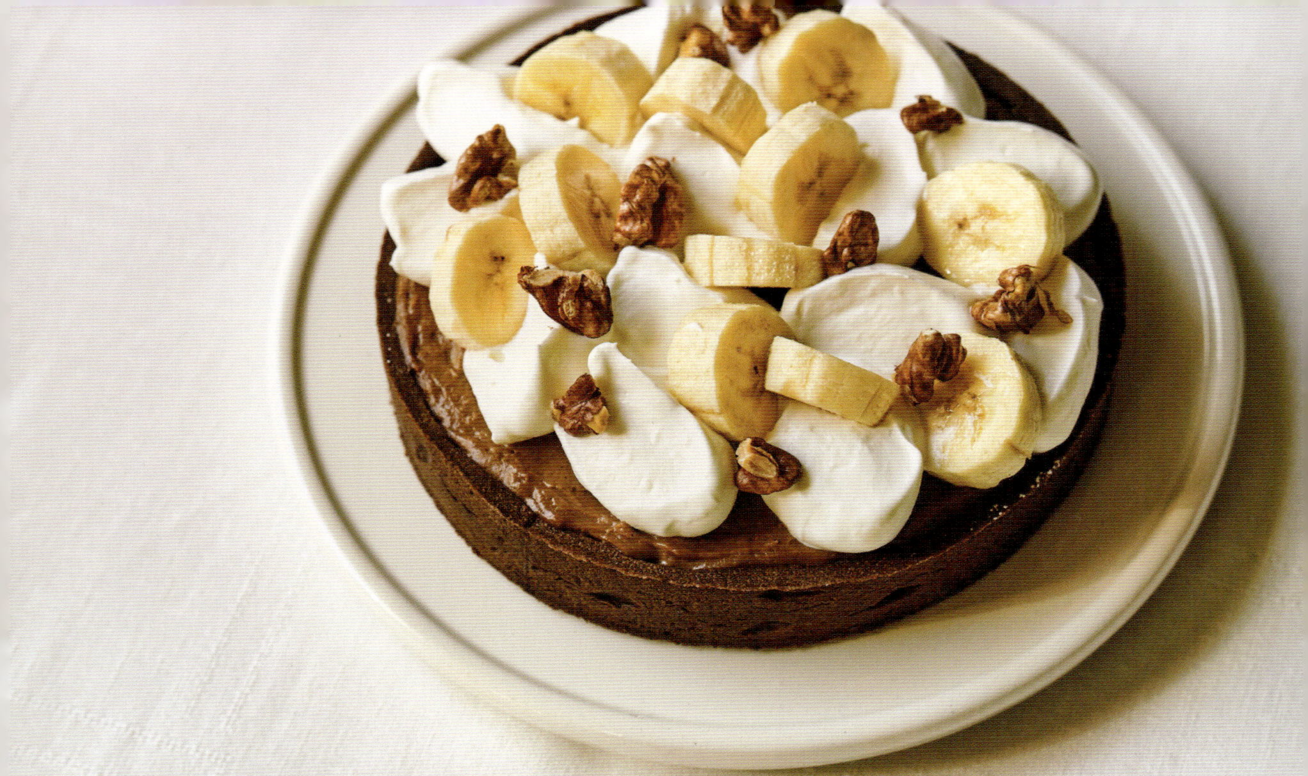

바삭바삭한 타르트에 바나나를 가지런히 놓고 따끈따끈한 초콜릿 커스터드로 덮으면
모든 재료가 촉촉하게 어우러집니다.

바나나 초콜릿 타르트

Spring

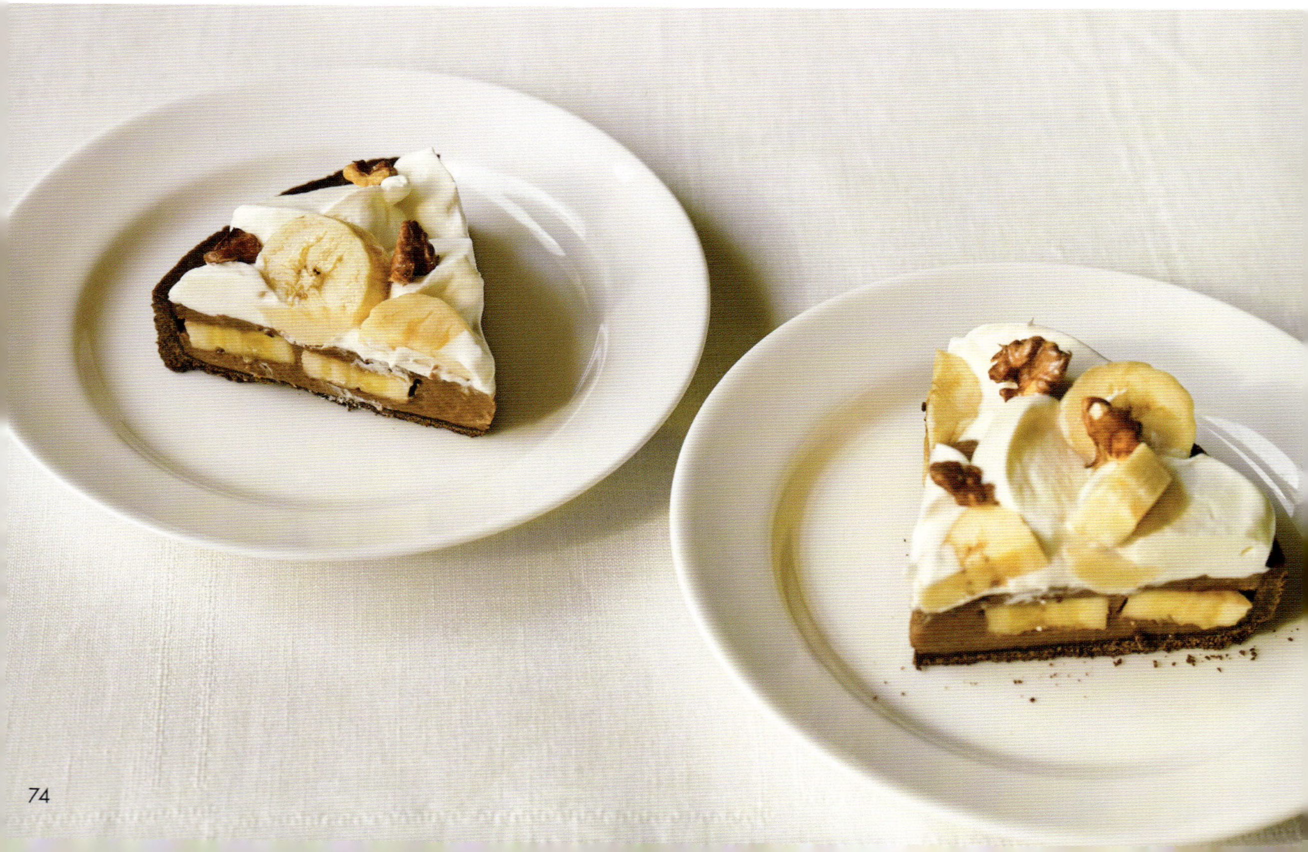

재료

(지름 16cm인 타르트 링 1개 분량)

타르트 반죽(코코아맛)

무염 버터...60g
와산본 설탕(또는 분당)...30g
소금...약간
달걀노른자...1개 분량
박력분...90g
코코아파우더...10g
덧가루(강력분)...적당량

초콜릿 커스터드

달걀노른자...2개 분량
첨채당...40g
바닐라빈...2cm
쌀가루...12g
우유...200ml
세미 스위트 초콜릿(제과용)...30g
바나나...2와 2분의 1개 분량
생크림...90ml
첨채당...5g
생 호두...적당량

준비

• 버터, 달걀노른자는 실온에 미리 꺼내 둔다.
• 호두는 160℃로 예열한 오븐에 7분간 굽는다.

타르트 반죽

1 72쪽을 참조해 타르트 반죽을 만드는데, **(A)** 코코아파우더는 박력분과 합쳐 체에 내려서 넣는다. 160℃의 오븐에서 누름돌을 깐 채로 20분간 구운 다음, 누름돌을 치우고 10분간 더 굽는다. **(B)** 타르트 링에서 꺼내어 식힘망에 올려 식힌다.

초콜릿 커스터드

2 냄비에 우유를 넣는다. 바닐라빈은 깍지에 칼집을 내어 씨를 긁어낸 다음 첨채당과 섞고(85쪽 G 참조), 남은 깍지는 우유에 넣는다.

3 볼에 달걀노른자를 넣고, 바닐라빈 씨와 첨채당을 섞은 것을 첨가한 후, 거품기로 잘 젓는다. 그런 다음 쌀가루를 체에 내려 섞는다.

4 우유와 바닐라빈 깍지가 든 냄비를 약불에 올리고, 끓지 않을 정도로만 데워 불에서 내린다. 3에 조금씩 부어 가며 잘 섞는다.

5 4를 체에 한 번 걸러 냄비에 다시 부은 다음, 약불에 올리고 실리콘 주걱으로 계속 젓는다. 부글부글 끓으면서 걸쭉해지면 불을 끈다. **(C)** 여기에 초콜릿을 넣고, 거품기로 잘 섞는다.

마무리

6 타르트에 5의 절반 분량을 부어 표면을 고르게 한 다음, **(D)** 바나나 1과 2분의 1개 분량을 1cm 두께로 잘라 가지런히 올린다. **(E)** 5의 나머지 절반을 부어 표면을 고르게 한다. 한 김 식으면 냉장실에 넣어 식힌다.

7 생크림에 첨채당을 넣어 80% 휘핑한 다음(40쪽 참조), **(F)** 6에 숟가락으로 조금씩 떠서 올린다. 남은 바나나를 1cm 두께로 썰어 장식하고, 호두를 뿌린다.

※ 남은 타르트 반죽의 이용법과 보관 방법은 73쪽을 참조한다.
※ 지름이 20cm인 타르트 링을 사용할 때는 타르트 반죽을 남기지 말고 전부 쓰고, 초콜릿 커스터드의 양을 1.5배로 한다.

A   B   C

D   E   F

자몽은 일 년 내내 팔지만, 봄에 가장 맛이 좋습니다. 크림에도 과즙을 듬뿍 넣었습니다.

자몽 파이

재료

(지름 16cm인 타르트팬 1개 분량)

반죽형 파이 반죽

> 박력분...40g
>
> 강력분...40g
>
> 소금...약간
>
> 무염 버터...50g
>
> 물...2큰술
>
> 식초...약간
>
> 덧가루(강력분)...적당량

자몽 크림

> 사탕무 그래뉼러당...40g
>
> 달걀...70g(약 1개 반 분량)
>
> 무염 버터...15g
>
> 젤라틴 가루...2g
>
> 물...1과 2분의 1작은술
>
> 생크림...50ml
>
> 자몽(흰색, 분홍색)...각각 1개
>
> 장식용 민트 잎...적당량

준비

- 버터(파이 반죽용과 크림용 모두)는 가로세로 1.5cm 크기로 잘라 냉장실에 넣는다.
- 파이 반죽에 사용할 물에 식초를 넣고 섞는다.
- 파이 반죽에 들어가는 모든 재료를 냉장실에 넣어 차갑게 식힌다.
- 오븐팬에 실리콘 매트나 오븐 페이퍼를 깐다.

반죽형 파이 반죽

1 84쪽의 반죽형 파이 반죽을 참조해서 만든다. 200°C의 오븐에 누름돌을 올린 채로 15분간 굽고, 누름돌을 치운 다음 온도를 180°C로 내려 15분간 더 굽는다. 반죽을 틀에 담긴 채로 식힘망에 올려 식힌다.

자몽 크림

2 자몽은 겉껍질과 속껍질을 모두 벗기고, 씨를 제거한다(17쪽 B 참조). 모양이 예쁜 과육은 토핑용으로 쓰기 위해 트레이에 따로 담아 랩을 씌워 냉장실에서 차갑게 식힌다. **(A)**볼에 체를 올리고, 으스러진 과육이나 껍질을 벗길 때 나온 과즙을 넣고, 실리콘 주걱으로 으깨어 50ml를 계량한다.

3 접시에 물을 담고, 젤라틴 가루를 넣어 불린다.

4 생크림을 80% 휘핑한 다음(40쪽 참조), 냉장실에 넣어 차갑게 식힌다.

5 볼에 자몽 과즙과 사탕무 그래뉼러당을 넣고, 거품기로 잘 섞는다. **(B)**여기에 달걀물을 부어 골고루 섞고 차가운 버터를 넣은 후, **(C)**약불에 중탕하며 걸쭉해질 때까지 약 10분간 젓는다.

6 볼을 내려 3을 넣고 섞은 후, 볼 바닥을 얼음물에 담가 차갑게 식힌다. **(D)**여기에 4를 넣고, **(E)**거품기로 잘 섞은 다음, 파이에 붓고 표면을 매끄럽게 한다.

마무리

7 토핑용으로 덜어 둔 자몽 과육의 물기를 키친 타월로 제거한 후, **(F)**흰색과 분홍색 과육을 번갈아 올리고, 민트 잎을 장식한다. 냉장실에 넣어 30분 이상 차갑게 두면 더 쉽게 썰린다.

※ 파이 반죽을 보관하는 방법은 85쪽을 참조한다.

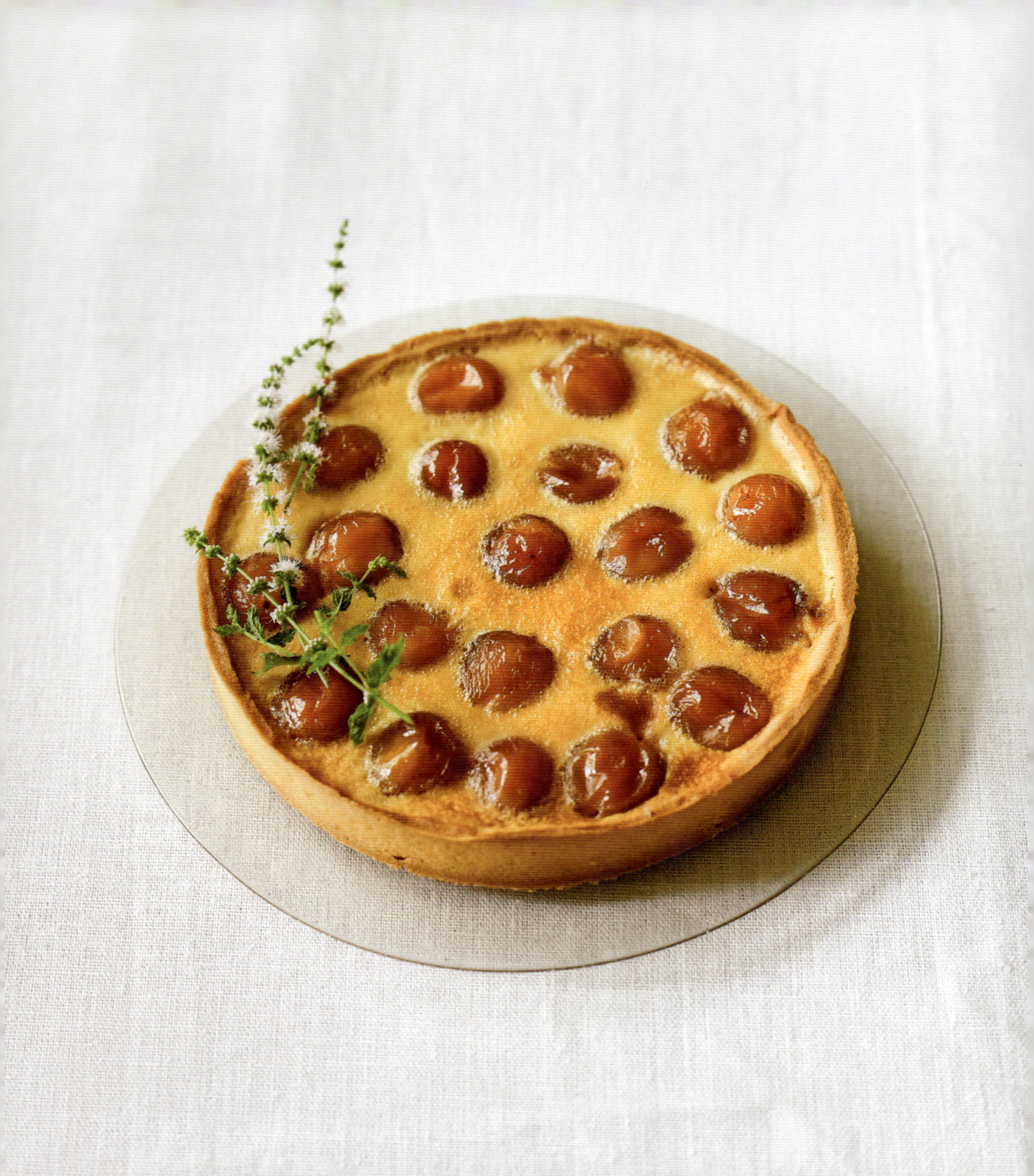

앵두라고 하면 역시 클라푸티가 빠질 수 없지요. 클라푸티는 원래 체리가 들어가는 프랑스의 대표적인 타르트지만 사토니시키 앵두로 만든 콩포트를 이용하면 생김새와 맛이 모두 순해집니다.

앵두 클라푸티

Summer

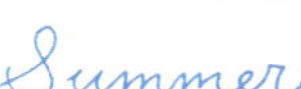

재료

(지름 16cm인 타르트 링 1개 분량)

타르트 반죽(플레인)

무염 버터...60g
와산본 설탕(또는 분당)...30g
소금...약간
달걀노른자...1개 분량
박력분...100g
덧가루(강력분)...적당량

아파레이유

(프랑스어로 '섞은 것'이라는 뜻으로, 달걀·버터·밀가루 등을 혼합한 재료를 말하며, 타르트에 들어가는 필링을 지칭하기도 한다 - 옮긴이 주)

박력분...10g
첨채당...30g
바닐라빈...2cm
생크림...100ml
달걀...1개
앵두 콩포트(124쪽 참조)...20알
장식용 허브(스트로베리 민트)...적당량

준비

• 버터, 달걀노른자, 달걀은 실온에 미리 꺼내 둔다.

타르트 반죽

1. 72쪽을 참조해 타르트 반죽을 만든다. 160°C의 오븐에서 누름돌을 올린 채로 15분간 구운 다음, 누름돌을 치우고 10~15분간 더 굽는다. 타르트 링을 벗기지 않고 그대로 식힘망에 올려 식힌다.

아파레이유

2. 바닐라빈은 깍지에 칼집을 내어 씨를 긁어낸 다음 첨채당과 섞는다(85쪽 G 참조), 남은 깍지는 따로 담아 놓는다.

3. 볼에 박력분과 바닐라빈 씨를 섞은 첨채당을 함께 넣어 체에 내린 후, 거품기로 잘 섞는다. (A)생크림을 조금씩 부어 가며 골고루 섞는다.

4. (B)달걀을 깨뜨려 넣고, (C)골고루 섞는다.

5. 따로 담아 놓았던 바닐라빈 깍지를 넣고, 랩을 씌워 실온(서늘한 곳)에서 30분간 휴지한다.

마무리

6. 오븐을 160°C로 예열한다. 앵두 콩포트는 키친 타월 위에 올려 물기를 뺀다. (D)타르트 위에 올리고, (E)5를 붓는다(조금 남는다). 160°C의 오븐에 25분간 구운 다음, 틀에서 빼내 식힘망에 올려 식힌다.

※ (F의 오른쪽)남은 아파레이유는 도자기로 된 작은 내열 용기에 넣어 구우면 조그만 과자가 된다.
※ 남은 타르트 반죽의 이용법과 보관 방법은 73쪽을 참조한다.
※ 지름이 20cm인 타르트 링을 사용할 때는 타르트 반죽과 아파레이유를 남기지 말고 전부 쓴다.

A   B   C

D   E   F

제철이 짧은 살구는 발견하자마자 콩포트로 만들어 두었다가 다음에 타르트로 만들어 먹습니다.
타르트의 가장자리가 살짝 타면 다 익었다는 뜻입니다.

살구 타르트

재료

(지름 16cm인 타르트 링 1개 분량)

타르트 반죽(강력분과 쌀가루·플레인)

　무염 버터...60g

　와산본 설탕(또는 분당)...30g

　소금...약간

　달걀노른자...1개 분량

　강력분...80g

　쌀가루...20g

　덧가루(강력분)...적당량

아몬드 크림

　무염 버터...60g

　첨채당(또는 사탕수수 원당)...45g

　달걀...1개

　아몬드 가루...60g

　박력분...15g

　간 레몬 껍질(국산 무농약)...2와 2분의 1개 분량

　아마레토(아몬드향 리큐어)...1작은술

　살구 콩포트(125쪽 참조)...450~500g

　살구잼...20g

준비

• 버터, 달걀노른자, 달걀은 실온에 미리 꺼내 둔다.

타르트 반죽

1　72쪽을 참조해 타르트 반죽을 만드는데, 박력분 대신 강력분과 쌀가루를 함께 체에 내려서 넣는다. 160℃의 오븐에서 누름돌을 올린 채로 15분간 구운 다음, 누름돌을 치우고 10~15분간 더 굽는다. 타르트 링을 벗기지 않고 그대로 식힘망에 올려 식힌다.

아몬드 크림

2　볼에 버터를 넣고, 부드러운 크림 상태가 될 때까지 실리콘 주걱으로 푼다. 첨채당을 넣고 잘 섞은 다음, 주걱을 내려놓고 거품기로 다시 골고루 섞는다.

3　(A)달걀물을 세 번에 나눠 넣고, 그때마다 잘 섞는다.

4　(B)아몬드 가루와 박력분을 함께 체에 내려서 넣고, (C)간 레몬 껍질과 아마레토를 넣은 다음, (D)실리콘 주걱으로 부드러워질 때까지 젓는다.

마무리

5　오븐을 160℃로 예열한다. 살구 콩포트는 키친 타월에 올려 물기를 제거한다. 살구잼을 숟가락으로 떠서 타르트에 바른다.

6　(E)4를 붓고(조금 남는다), 표면을 고르게 한 다음, (F)살구 콩포트를 바깥쪽에서부터 가지런히 올린다. 160℃의 오븐에 40~45분간 구운 다음, 틀에서 꺼내어 식힘망 위에서 식힌다.

※ 타르트 반죽을 강력분과 쌀가루로 만들면 좀 더 바삭해져서 아몬드 크림과 잘 어울린다.

※ 남은 타르트 반죽의 이용법과 보관 방법은 73쪽을 참조한다.

※ 지름이 20cm인 타르트 링을 사용할 때는 타르트 반죽과 아몬드 크림을 남기지 말고 전부 쓴다.

A　B　C

D　E　F

복숭아는 7월 무렵부터 두 달 정도 만나 볼 수 있습니다. 크림치즈를 넣은 커스터드 크림의 진하면서도
새콤한 맛이 파이의 전체적인 맛을 끌어올립니다.

복숭아 파이

재료

(지름 16cm인 타르트팬 1개 분량)

반죽형 파이 반죽

박력분...40g
강력분...40g
소금...약간
무염 버터...50g
물...2큰술
식초...약간
덧가루(강력분)...적당량

커스터드 크림

달걀노른자...2개 분량
사탕무 그래뉼러당...40g
바닐라빈...2cm
쌀가루...15g
우유...200ml
크림치즈...50g
복숭아 콩포트(124쪽 참조)...복숭아 2개 분량
생크림...50ml
사탕무 그래뉼러당...5g
토핑용 블루베리...적당량

준비

• 버터는 가로세로 1.5cm 크기로 자른다.
• 물에 식초를 넣어 섞는다.
• 파이 반죽에 들어가는 모든 재료를 냉장실에 넣어 차갑게 식힌다.
• 오븐팬에 실리콘 매트나 오븐 페이퍼를 깐다.

반죽형 파이 반죽

1 볼에 박력분, 강력분, 소금을 합쳐 체에 내려서 넣고, (A)버터를 넣어 부슬부슬해질 때까지 스크레이퍼로 잘게 다진다. (B)여기에 식초를 탄 물을 넣고 실리콘 주걱으로 가볍게 섞는다.

2 작업대 위에 반죽을 올리고, (C)손으로 눌러 한 덩어리로 뭉친 다음, (D)랩으로 싸서 냉장실에 넣고 1시간 이상 휴지한다.

3 작업대에 덧가루를 뿌리고 2를 올린 다음, 가끔 거꾸로 뒤집어 가면서 (E)밀대로 밀어 2mm 두께로 둥글게 늘려 틀에 깐다. 남은 반죽으로 손으로 뜯어 내고, 반죽 바닥에 포크로 공기구멍을 뚫는다. 랩을 씌워 냉장실에 넣고, 1시간 이상 휴지한다.

4 오븐을 200℃로 예열한다. 반죽을 오븐팬에 올리고, 오븐 페이퍼를 덮고 그 위에 누름돌을 깐 채로 200℃의 오븐에 15분간 굽는다. 누름돌과 오븐 페이퍼를 치우고, 온도를 180℃로 내려 15분간 더 굽는다. (F)틀을 벗기지 않고 그대로 식힘망에 올려 식힌다.

커스터드 크림

5 냄비에 우유를 담는다. (G)바닐라빈은 깍지에 칼집을 내어 씨를 긁어낸 다음 사탕무 그래뉼러당과 섞고, 남은 깍지는 우유에 넣는다.

6 볼에 달걀노른자를 넣고, 바닐라빈 씨와 사탕무 그래뉼러당을 섞은 것을 첨가한 후, 거품기로 잘 젓는다. (H)그런 다음 쌀가루를 체에 내려 섞는다.

7 우유와 바닐라빈 깍지가 든 냄비를 약불에 올려 끓지 않을 정도로만 데운 후 불에서 내린다. (I)6에 조금씩 부으면서 잘 섞는다.

8 **(J)** 체에 내려 다시 냄비에 담은 후, 약불에 올리고 실리콘 주걱으로 계속 젓는다. 끓어서 어느 정도 걸쭉해지면 불을 끈다.

9 **(K)** 크림치즈를 넣고, 거품기로 잘 섞는다. 파이에 붓고 표면을 고르게 한 다음, 한 김 식으면 냉장실에 넣어 차갑게 식힌다.

마무리

10 복숭아 콩포트는 껍질을 벗기고, 키친 타월에 올려 물기를 제거한 다음, **(L)** 9에 가지런히 올린다. 생크림에 사탕무 그래뉼러당을 넣고 80% 휘핑해서(40쪽 참조) 한가운데에 올리고, 블루베리를 뿌린다. 냉장실에 넣어 30분 이상 차갑게 보관하면 더 잘 썰린다.

※ 파이 반죽은 2 혹은 3의 상태로 냉장실에서 하루, 냉동실에서는 한 달 정도 보관할 수 있다.
※ 3에서 뜯어낸 파이 반죽은 타르트 옆에 함께 구워 잼 등을 찍어 먹어도 맛있다.

G	H	I
J	K	L

살짝 말랑한 감에 유자 과즙을 뿌려 마리네이드해 두었다가 감으로 만든 잼을
두툼하게 바른 타르트에 듬뿍 얹었습니다.

감 타르트

재료

(지름 16cm인 타르트 링 1개 분량)

타르트 반죽(강력분과 쌀가루·유자맛)

무염 버터...60g

와산본 설탕(또는 분당)...30g

소금...약간

간 유자 껍질...3분의 1개 분량

달걀노른자...1개 분량

강력분...80g

쌀가루...20g

덧가루(강력분)...적당량

아몬드 크림

무염 버터...60g

첨채당(또는 사탕수수 원당)...45g

달걀...1개

아몬드 가루...60g

박력분...15g

간 유자 껍질...3분의 1개 분량

감 마리네이드

감...2개

유자 과즙...1개 분량

사탕무 그래뉼러당...1큰술

감으로 만든 잼(만들기 쉬운 분량)

감...200g(껍질과 씨를 제거한 양)

사탕무 그래뉼러당...60g

유자 과즙(또는 레몬즙)...1작은술

장식용 유자 껍질...적당량

준비

• 버터, 달걀노른자, 달걀은 실온에 미리 꺼내 둔다.

타르트 반죽

1 72쪽을 참조해 타르트 반죽을 만든다. 소금을 넣고 나서 유자 껍질을 넣고, 박력분 대신 강력분과 쌀가루를 함께 체에 내려서 넣는다. 160°C의 오븐에서 누름돌을 올린 채로 15분간 구운 다음, 누름돌을 치우고 10~15분간 더 굽는다. 타르트 링을 벗기지 않고 그대로 식힘망에 올려 식힌다.

감 마리네이드와 감으로 만든 잼

2 감 마리네이드를 만든다. **(A)**감은 껍질을 벗겨 반달 모양으로 12등분해서 볼에 담는다. 유자를 짠 즙과 사탕무 그래뉼러당을 넣고 잘 섞은 다음, 그대로 냉장실에 넣어 1시간 이상 재운다.

3 감으로 잼을 만든다. 감은 작게 잘라 냄비에 넣는다. 사탕무 그래뉼러당과 유자 과즙을 첨가하고, 중불에 올린다. 감이 뭉개져 걸쭉해질 때까지 10분간 졸인다.

아몬드 크림

4 볼에 버터를 넣고, 부드러운 크림 상태가 될 때까지 실리콘 주걱으로 푼다. 첨채당을 넣고 잘 섞은 다음, 주걱을 내려놓고 거품기로 다시 골고루 섞는다.

5 달걀물을 세 번에 나눠 넣고, 그때마다 잘 섞는다.

6 아몬드 가루와 박력분을 함께 체에 내려서 넣고, 실리콘 주걱으로 부드러워질 때까지 젓는다. **(B)**유자 껍질을 갈아 넣고, 다시 잘 섞는다.

7 오븐을 160°C로 예열한다. **(C)**타르트에 6을 부어(조금 남긴다) 표면을 고르게 하고, 160°C의 오븐에 30분간 구운 다음, 틀에서 꺼내어 식힘망 위에서 식힌다.

마무리

8 감 마리네이드는 키친 타월에 올려 물기를 뺀다. **(D)**7에 감으로 만든 잼 50g을 숟가락으로 떠서 전체에 골고루 바르고, **(E·F)**감 마리네이드를 바깥쪽에서부터 가지런히 올린다. 유자 껍질을 가늘게 썰어 장식한다.

※ 남은 타르트 반죽의 이용법과 보관 방법은 73쪽을 참조한다.

※ 지름이 20cm인 타르트 링을 사용할 때는 타르트 반죽과 아몬드 크림을 남기지 말고 전부 쓴다.

A

B

C

D

E

F

무화과를 넘칠 정도로 빼곡히 올려 구웠습니다. 열이 가해져 진하게 농축된 무화과의 맛을 느껴 보셨으면 합니다.

무화과 타르트

Autumn

재료

(지름 20cm인 타르트 링 1개 분량)

타르트 반죽(강력분과 쌀가루·플레인)

무염 버터...60g

와산본 설탕(또는 분당)...30g

소금...약간

달걀노른자...1개 분량

강력분...80g

쌀가루...20g

덧가루(강력분)...적당량

아몬드 크림

무염 버터...60g

첨채당(또는 사탕수수 원당)...45g

달걀...1개

아몬드 가루...45g

박력분...15g

피스타치오(겉껍질과 속껍질을 모두 제외한 것)...15g

※ 피스타치오가 없으면 아몬드 가루를 60g으로 한다.

럼주...1작은술

무화과(작은 것)...6~8개

무화과잼(126쪽 참조)...50g

준비

• 버터, 달걀노른자, 달걀은 실온에 미리 꺼내 둔다.

• 피스타치오는 믹서기에 돌려 곱게 간다.

• 오븐팬에 실리콘 매트나 오븐 페이퍼를 깐다.

타르트 반죽

1 72쪽을 참조해 타르트 반죽을 만드는데, 박력분 대신 강력분과 쌀가루를 함께 체에 내려서 넣는다. 160℃의 오븐에서 누름돌을 올린 채로 15분간 구운 다음, 누름돌을 치우고 10~15분간 더 굽는다. 타르트 링을 벗기지 않고 그대로 식힘망에 올려 식힌다.

아몬드 크림

2 볼에 버터를 넣고, 부드러운 크림 상태가 될 때까지 실리콘 주걱으로 푼다. 첨채당을 넣고 잘 섞은 다음, 주걱을 내려놓고 거품기로 다시 골고루 섞는다.

3 달걀물을 세 번에 나눠 넣고, 그때마다 잘 섞는다.

4 (A)아몬드 가루와 박력분, 곱게 간 피스타치오를 함께 체에 내려서 넣고, 실리콘 주걱으로 부드러워질 때까지 젓는다. 럼주를 첨가해 골고루 섞는다.

마무리

5 무화과를 깨끗이 씻어 물기를 제거한 후, 껍질째 세로 방향으로 4~6등분해 자른다. (B)숟가락으로 무화과잼을 떠서 타르트에 바른다.

6 오븐을 160℃로 예열한다. (C)4를 붓고 표면을 고르게 한 다음, (D·E)무화과를 바깥쪽에서부터 가지런히 올린다. 160℃의 오븐에 50분간 구운 다음, 틀에서 꺼내어 식힘망에서 식힌다.

※ (F)남은 아몬드 크림은 버터(분량 외)를 바른 푸딩컵에 담고, 무화과(분량 외)를 올려 20분간 구우면 작은 구움 과자가 된다.

※ 지름이 16cm인 타르트 링으로 만드는 방법과 타르트 반죽의 보관 방법은 72쪽을 참조한다.

A   B   C   D   E   F

보늬밤 조림을 파이 반죽으로 감싸 동그란 마롱 파이를 만들었습니다.
잘만 구워지면 주변 사람들에게 간단히 선물하기도 좋습니다.

밤 파이

재료

(6개 분량)

반죽형 파이 반죽

박력분...50g

강력분...50g

소금...1g 이상

무염 버터...60g

물...40ml

식초...약간

덧가루(강력분)...적당량

아몬드 크림

무염 버터...20g

첨채당(또는 사탕수수 원당)...15g

달걀...20g(약 반 개)

아몬드 가루...20g

박력분...5g

럼주...2분의 1작은술

보늬밤 조림
  (128쪽 참조, 뭉개진 것도 괜찮다)...1개

보늬밤 조림...6개

달걀노른자...2분의 1개 분량

물...4분의 1작은술

준비

- 파이 반죽용 버터는 가로세로 1.5cm 크기로 자른다.
- 물에 식초를 넣어 섞는다.
- 파이 반죽에 들어가는 모든 재료를 냉장실에 넣어 차갑게 식힌다.
- 오븐팬에 실리콘 매트나 오븐 페이퍼를 깐다.
- 아몬드 크림용 버터와 달걀은 실온에 미리 꺼내 둔다.

반죽형 파이 반죽

1 **(A)**96쪽의 반죽형 파이 반죽의 1·2를 참조해서 만든다. 냉장실에서 반죽을 꺼내 덧가루를 뿌리고, 가끔 뒤집으면서 반죽을 90도씩 돌려 가며 밀어 두께 2mm에 30×20cm 정도의 직사각형으로 늘린다. **(B)**반죽을 트레이에 담아 랩을 씌우고, 그대로 냉장실에 넣어 1시간 휴지한다.

아몬드 크림

2 볼에 버터를 넣고, 부드러운 크림 상태가 될 때까지 실리콘 주걱으로 푼다. 첨채당을 넣고 잘 섞은 다음, 주걱을 내려놓고 거품기로 다시 골고루 섞는다.

3 달걀물을 세 번에 나눠 넣고, 그때마다 잘 섞는다.

4 아몬드 가루와 박력분을 함께 체에 내려서 넣고, 실리콘 주걱으로 부드러워질 때까지 젓는다. 럼주를 부어 섞고, **(C)**보늬밤 조림을 넣은 다음, 거품기로 으깨어 섞는다.

마무리

5 오븐을 200°C로 예열한다. 파이 반죽을 꺼내어 식칼(또는 주방 가위)로 가로세로 약 10cm의 정사각형으로 6장을 자른 다음, **(D)**반죽 중앙에 4를 약 1큰술 올리고, 보늬밤 조림 1개를 얹는다(아몬드 크림은 조금 남긴다). **(E)**밤을 감싸듯이 반죽을 접는다(맨 위에 올라가는 반죽은 식칼로 자른 단면이 반듯한 형태를 유지하는 것이 좋다). 나머지 반죽도 같은 방법으로 한다.

6 완성된 반죽을 오븐팬에 올리고, **(F)**곱게 푼 달걀노른자와 물을 섞어서 요리붓으로 반죽 표면에 적당량 바른다(파이 반죽의 단면에는 바르지 않는다). 200°C의 오븐에 35분간 구운 다음, 식힘망에 올려 식힌다.

A

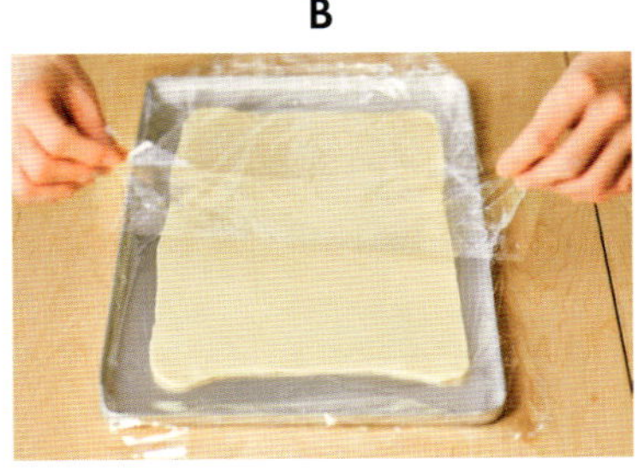

B

C

D

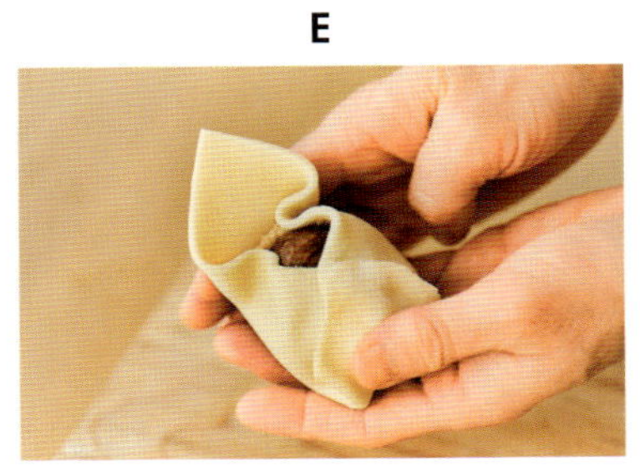

E

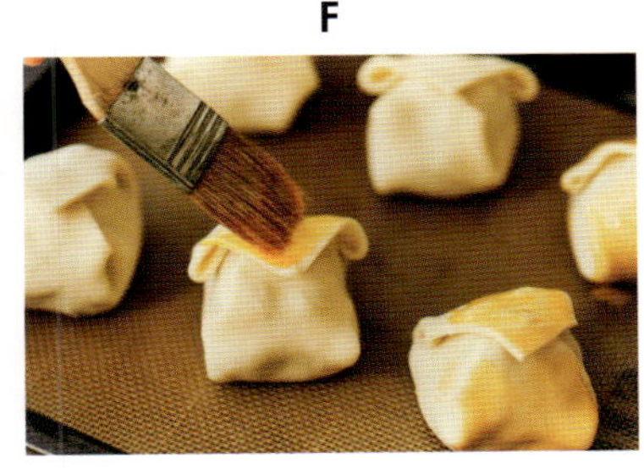

F

오븐에 한 번 구운 사과를 틀에 넣어 갈색빛을 띨 때까지 다시 바싹 굽습니다.
홍옥 대신 부사를 사용해도 진하고 깊은 맛을 냅니다.

타르트 타탱

재료

(지름이 16cm인 망케틀 1개 분량)
(망케틀은 윗면과 아랫면의 면적이 달라 옆에서 보았을 때 사다리꼴을 이루는 틀로, '토르테틀'이라고도 한다 - 옮긴이 주)

반죽형 파이 반죽

| 박력분...40g
| 강력분...40g
| 소금...약간
| 무염 버터...50g
| 물...2큰술
| 식초...약간
| 덧가루(강력분)...적당량

구운 사과

| 사과(홍옥)...8개
| 사탕무 그래뉼러당...70g
| 레몬즙...1큰술
| 무염 버터...15g

준비

• 파이 반죽용 버터는 가로로 1.5cm 크기로 자른다.
• 물에 식초를 넣어 섞는다.
• 파이 반죽에 들어가는 모든 재료를 냉장실에 넣어 차갑게 식힌다.

반죽형 파이 반죽

1 84쪽의 반죽형 파이 반죽의 1·2를 참조해서 만든다. 냉장실에서 반죽을 꺼내 덧가루를 바르고, 가끔 뒤집으면서 밀대로 밀어 두께 3mm로 둥글게 늘린다. 반죽을 트레이에 담아 랩을 씌우고, 그대로 냉장실에 넣어 1시간 이상 휴지한다.

구운 사과

2 반죽을 휴지하는 동안, 구운 사과를 만든다. 사과는 껍질을 벗겨 반달 모양으로 6등분한 다음, 가운데 심을 제거해 볼에 담는다. 사탕무 그래뉼러당을 넣어 골고루 묻히고, 레몬즙을 첨가한다.

3 오븐을 160℃로 예열한다. 알루미늄 포일과 오븐 페이퍼를 깐 오븐팬에 사과를 겹치지 않게 가지런히 놓은 다음, 버터를 잘게 떼어 골고루 뿌린다. 160℃의 오븐에 30분간 굽고, 오븐팬을 꺼내 사과를 반대로 뒤집은 다음, **(A)**옅은 갈색을 띨 때까지 30분간 더 굽는다. 다 구워지면 용기에 옮겨 담아 식힌다.

마무리

4 오븐을 200℃로 예열한다. 파이 반죽을 꺼내 작업대에 올리고, **(B)**틀을 거꾸로 뒤집어 얹은 다음, 가장자리를 따라 둥글게 자른다. 실리콘 매트를 깐 오븐팬에 올린 다음, 포크로 공기구멍을 뚫고, 200℃의 오븐에 15분

간 구운 뒤, 180℃로 온도를 내려 다시 10분간 굽는다. **(C)**다 구워지면 식힘망에 올려 식힌다.

5 틀에 버터(분량 외)를 꼼꼼히 바르고, 사탕무 그래뉼러당 1큰술(분량 외)을 뿌린다. **(D)**3의 사과를 바깥쪽에서부터 가지런히 놓아 가운데 부분까지 꽉 채운다(틀의 높이보다 조금 높게 쌓는다). 새 오븐 페이퍼를 깐 오븐팬에 틀을 올리고 새 오븐 페이퍼로 덮은 다음, **(E)**사각 튀김망과 누름돌 역할을 할 냄비 뚜껑을 얹는다.

※ 냄비 뚜껑을 얹는 이유는 부푸는 것을 억제하기 위해서다. 냄비 뚜껑은 오븐 사용이 가능한 제품을 사용한다.

6 160℃로 예열한 오븐에 30분간 굽는다. **(F)**한 번 꺼내어 삐져나온 사과를 실리콘 주걱으로 눌러 표면을 정리한 다음, 오븐 페이퍼와 튀김망, 냄비 뚜껑을 다시 얹은 채로 15분간 더 굽는다. 다 구워지면 꺼내어 다시 주걱으로 표면을 정리한 후, 오븐 페이퍼를 덮은 채로 완전히 식힌다(가능하면 하룻밤 동안).

7 프라이팬에 뜨거운 물을 끓이고, 틀 바닥을 담가 따뜻하게 데운다. 틀을 흔들었을 때 내용물이 흔들리고 틈이 생기면 4의 파이 반죽으로 덮고 그 위에 튀김망을 올린 상태에서 거꾸로 뒤집어 틀에서 빼낸다. 거품 낸 생크림을 취향껏 곁들인다.

A

B

C

D

E

F

띠 모양으로 자른 파이 반죽을 격자무늬로 엮는 작업도 즐겁습니다.
갓 구운 애플파이에 아이스크림이나 생크림을 곁들여 보세요.

애플파이

Winter

재료

(지름 16cm인 타르트팬 1개 분량)

속성 접이형 파이 반죽

박력분...90g

강력분...90g

소금...3g

무염 버터...110g

물...70ml

식초...약간

덧가루(강력분)...적당량

사과 조림

사과(부사)...3개

사과주스(과즙 100%)...200ml

무염 버터...10g

레몬즙...1작은술

달걀노른자...1개 분량

물...2분의 1작은술

준비

- 파이 반죽용 버터는 가로세로 1.5cm 크기로 자른다.
- 물에 식초를 넣어 섞는다.
- 파이 반죽에 들어가는 모든 재료를 냉장실에 넣어 차 갑게 식힌다.
- 오븐팬에 실리콘 매트나 오븐 페이퍼를 깐다.

속성 접이형 파이 반죽

1 볼에 박력분, 강력분, 소금을 합쳐 체에 내린 다음, 버터를 넣는다. (A)버터가 팥알만 해 질 때까지 스크레이퍼로 잘게 다진다. 식초 를 탄 물을 넣고 실리콘 주걱으로 가볍게 섞 은 후, 작업대에 놓고 손으로 눌러 한 덩어리 로 뭉친다(84쪽 B·C 참조).

2 (B)반죽을 랩으로 덮고, 밀대로 밀어 직사각 형 모양을 만든다. 랩을 떼어 내고, (C)반죽 의 위쪽과 아래쪽 각각 3분의 1을 안쪽으로 접어 3절접기를 한다. (D)접은 반죽을 90 도 돌려 덧가루를 뿌리고, 다시 밀대로 밀어 직사각형으로 늘린 다음, 위쪽과 아래쪽 각 각 3분의 1을 안쪽으로 접어 3절접기를 한 다. 반죽을 랩으로 싸서 냉장실에 넣고, 1시 간 이상 휴지한다.

3 반죽을 꺼내 틀에 깔 반죽(E의 오른쪽)과 띠 모양으로 잘라 격자무늬로 엮을 반죽(E의 왼 쪽)으로 나눈다. 두 반죽 모두 덧가루를 뿌 리고, 가끔 뒤집으면서 반죽을 90도씩 돌려 가며 밀어 두께는 2mm, (F)틀에 깔 반죽은 틀보다 조금 크게, 띠 모양으로 자를 반죽은 30×18cm 정도의 직사각형으로 늘린다. 두 반죽 모두 랩을 씌워(띠 모양으로 자를 반죽은 트레이에 담는다) 냉장실에 넣고 1시간 휴지 한다.

4 틀에 쓸 반죽을 틀에 맞춰 깐다(남는 반죽도 아직 그대로 둔다). (G)격자무늬를 만들 반죽 은 파이칼(또는 식칼)을 이용해 2~3cm 너비 의 띠 모양으로 자른 다음, (H)랩을 깐 위에 서 격자무늬로 엮는다. (I)랩째 들어 트레이 에 담고, 손으로 살짝 눌러 형태를 고정한다. 틀에 깐 반죽도 랩을 씌워 냉장실에 넣고 1 시간 이상 휴지한다.

사과 조림

5 반죽을 휴지하는 동안, 사과 조림을 만든다. 사과는 껍질을 벗겨 반달 모양으로 8등분을 한 다음, 가운데 심을 제거한다. 프라이팬에 사과, 사과주스, 버터, 레몬즙을 넣고 중불에 올린다. 끓기 시작하면 뚜껑을 덮고 약한 중 불에서 조린다. (J)사과가 투명해지기 시작 하면 뚜껑을 열고, 수분이 날아갈 때까지 저 어 조린다. 한 김 식으면 냉장실에 넣어 식 힌다.

A

B

C

D

E

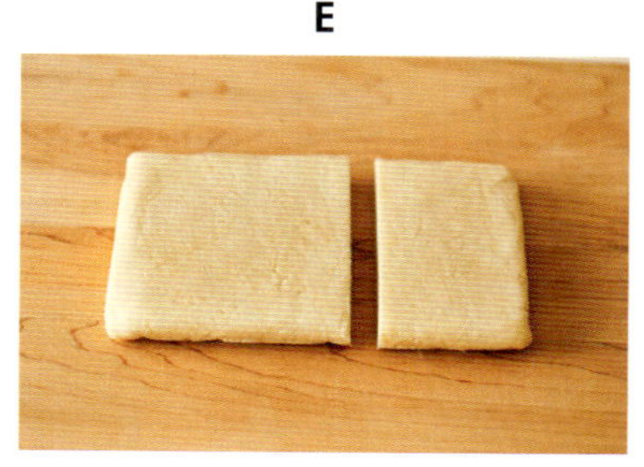

F

마무리

6 오븐을 200℃로 예열한다. 틀에 5의 사과를 바깥쪽에서부터 가지런히 올린다. 가운데 부분도 사과를 빼곡히 채운다. 푼 달걀노른자와 물을 섞은 다음, (K)요리붓으로 적당량을 반죽 가장자리에 바르고, 4의 격자무늬 반죽을 랩째 들어 사과 위에 뒤집어 덮는다. (L)틀 가장자리를 손으로 꾹꾹 눌러 삐져나온 반죽을 잘라 낸다. 가장자리를 따라 반죽을 손끝으로 한 번 더 눌러 잘 밀착시킨다.

7 표면에도 달걀노른자와 물을 섞은 것을 요리붓으로 적당량 바른 다음, 200℃의 오븐에 50분간 굽는다. 틀에서 꺼내 식힘망에 올려 식힌 다음, 나누어 자르고 취향에 따라 아이스크림을 곁들인다.

✳ 남은 파이 반죽은 얇게 펴서 시나몬 설탕을 뿌리고 돌돌 말아 한 번 식힌 다음, 7mm 두께로 잘라 200℃로 예열한 오븐에 15분간 구우면 소용돌이무늬의 파이가 된다.

✳ 아이스크림이나 거품을 낸 생크림을 곁들이면 좋다. 아이스크림을 직접 만들고 싶다면 오른쪽 내용을 참조하자.

바닐라 요거트 아이스크림을 만드는 방법

재료(만들기 쉬운 분량)

달걀노른자...2개 분량
첨채당(또는 사탕무 그래뉼러당)...40g
우유...100ml
바닐라빈...약간
플레인 요거트...100g
생크림...100g

볼에 달걀노른자, 첨채당, 우유, 바닐라빈 씨를 넣고 거품기로 잘 섞은 다음, 체에 내려 냄비에 담는다. 냄비를 약불에 올려 가열하다가 걸쭉해지면 불에서 내리고, 바닥을 얼음물에 담가 식힌다. 플레인 요거트와 생크림을 넣고 섞은 다음, 아이스크림 메이커에 넣어 차갑게 굳힌다.

G   H   I

J   K   L

초벌구이를 한 타르트 반죽에 아파레이유를 붓고, 오븐에서 굽기만 하면 됩니다.
생크림과 로즈메리를 얹어 포인트를 주었습니다.

레몬 타르트

재료

(지름 16cm인 타르트 링 1개 분량)

타르트 반죽(아몬드 가루 첨가)

  무염 버터...60g
  와산본 설탕(또는 분당)...30g
  소금...약간
  달걀노른자...1개 분량
  박력분...90g
  아몬드 가루...20g
  덧가루(강력분)...적당량

아파레이유

  레몬즙...60ml
  간 레몬 껍질(국산 무농약)...1개 분량
  첨채당...60g
  달걀...2개
  무염 버터...20g
  생크림...60ml
  플레인 요거트...1작은술
  장식용 생로즈메리...적당량

준비

• 버터, 달걀노른자, 달걀은 실온에 미리 꺼내 둔다.

타르트 반죽

1 72쪽을 참조해 타르트 반죽을 만드는데, 아몬드 가루는 박력분과 합쳐 체에 내려서 넣는다. 160°C의 오븐에서 누름돌을 올린 채로 15분간 굽고, 누름돌을 치운 뒤 10~15분간 더 굽는다. 틀을 벗기지 않고 그대로 식힘망에 올려 식힌다.

아파레이유

2 오븐을 150°C로 예열한다. **(A·B)**볼에 레몬즙과 간 레몬 껍질, 첨채당을 넣고, 거품기로 잘 섞는다. **(C)**달걀을 깨서 넣고, 골고루 섞는다. **(D)**버터를 중탕으로 녹여 붓고, 잘 섞는다.

3 **(E·F)**타르트에 2를 붓고(조금 남는다), 150°C의 오븐에 15분간 구운 다음, 틀에서 꺼내 식힘망에 올려 식힌다.

마무리

4 생크림에 플레인 요거트를 넣고 80% 휘핑한 다음(40쪽 참조), 타르트 위에 얹고 로즈메리로 장식한다.

※ 생 로즈메리가 없을 때는 다른 허브를 올리거나 레몬 껍질을 갈아 장식해도 된다.

※ 남은 타르트 반죽의 이용법과 보관 방법은 73쪽을 참조한다.

※ 지름이 20cm인 타르트 링을 사용할 때는 타르트 반죽을 남기지 말고 전부 쓰고, 아파레이유의 양을 1.5배로 한다.

TEA

케이크나 과자에
어울리는 차

케이크나 과자를 만들고 나면 어울리는 차를 골라 정성껏 우려내어 느긋하게 즐기고 싶어집니다. 사람들에게 케이크나 과자를 선물할 때도 어울리는 차를 함께 보내고 싶습니다.

누와라 엘리야(스리랑카)
화려한 맛을 내는 케이크(딸기, 멜론, 서양배 등이 들어간 쇼트케이크)에는 풍부한 향과 산뜻한 맛을 자랑하는 누와라 엘리야 홍차를 곁들입니다.

얼그레이(가향차)
저는 얼그레이 중에서 수레국화 꽃잎이 들어간 제품을 항상 챙겨 둡니다. 베르가모트의 향이 어울리는 감귤이나 사과가 들어간 케이크와 잘 어울립니다. 어떤 차를 골라야 할지 망설여질 때도 이 홍차를 끓입니다.

아삼(인도)
진하면서도 부드러운 홍차입니다. 깊은 향과 풍부한 맛을 내므로 바나나나 밤 같은 달콤한 과일이나 크림이 듬뿍 들어간 케이크에 잘 어울립니다.

다즐링(인도)
다즐링 중에서도 깊은 맛을 내는 세컨드 플러시(Second flush, 5~6월에 수확한 잎으로 만든 차로, 진한 오렌지색을 띤다)를 곁들일 때가 많습니다. 다즐링의 은은한 산미와 부드러운 크림이 들어간 케이크가 서로를 더 돋보이게 합니다.

호지차
버터 케이크나 타르트 같은 구움 과자에 잘 어울립니다. 따뜻하게 우려내어 진한 맛의 케이크와 함께 즐기며 입 안을 산뜻하게 정리해 줍니다.

커피
만델링(인도네시아 수마트라섬에서 재배되는 커피로, 깊고 진한 맛을 지녔다)이나 콜롬비아 커피를 중간 정도로 로스팅한 커피를 고릅니다. 진한 커피는 구움 과자나 롤케이크에, 연한 커피는 애플파이에 잘 어울립니다.

요즘은 홍차는 '팔레데테(Palais des Thes)'나 '우후(Uf-fu)', 호지차는 '야마나시쇼텐(山祭商店)', 커피는 '커피 카지타(Coffee Kajita)'를 애용하고 있습니다.

POUND
CAKE

완숙 바나나를 사용해 향이 진하며, 족촉하게 구워 낸 쌀가루 바나나 케이크입니다.

바나나 케이크

재료

(지름 16×깊이 8.5cm인 구겔호프틀 또는 지름이 15cm
인 원형틀 1개 분량)

달걀...2개
사탕수수 원당...90g
바나나...180g(껍질을 제외한 과육의 무게)(2개)
쌀가루...170g
베이킹파우더...1작은술
현미유...100g

준비

• 달걀은 실온에 꺼내 놓는다.
• 틀에 현미유(분량 외)를 바른다.
• 오븐을 160℃로 예열한다.

※ 구겔호프틀은 테프론 코팅이 되어 있는 제품을 사용
한다.

1 볼에 달걀을 깨뜨려 넣고, 핸드믹서기의 휘
퍼로 부드럽게 푼다. 사탕수수 원당을 넣고,
핸드믹서기를 저속으로 돌려 섞다가 사탕수
수 원당이 잘 섞이면 핸드믹서기를 고속으
로 올려 거품을 낸다.

2 사탕수수 원당이 녹고, **(A)**휘퍼로 떴을 때
반죽이 걸쭉하게 흘러내리면 핸드믹서기의
휘퍼를 볼 바닥에서 살짝 띄운 상태에서 저
속으로 돌려 큰 거품이 사라질 때까지 2분
정도 섞는다.

3 **(B)**다른 볼에 바나나를 넣고 포크로 잘게 으
깬 다음, **(C·D)**핸드믹서기를 저속으로 돌려
잠시 섞은 뒤, 2에 붓는다.
쌀가루와 베이킹파우더를 합쳐 체에 내린
다음, 거품기로 퍼 올리면서 볼 전체를 골고
루 섞는다.

4 가루가 남지 않게 되면 **(E)**현미유를 넣고,
실리콘 주걱으로 매끄러워질 때까지 젓는
다.

5 **(F)**틀에 붓고 표면을 고르게 한 다음,
160℃의 오븐에 45~50분간 굽는다. 다 구
워지면 곧바로 뒤집어 틀에서 꺼낸 다음, 식
힘망에 올려 식힌다. 완전히 식으면 원하는
두께로 나누어 썬다.

A 	B 	C 
D 	E 	F 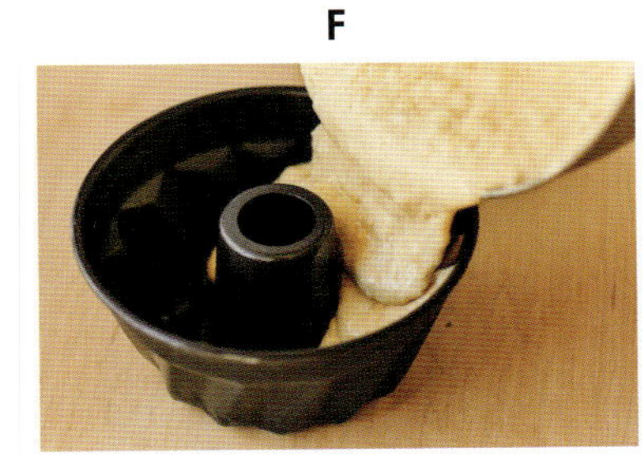

향신료에 견과류, 생강, 건포도까지 다양한 재료가 잔뜩 들어간 케이크입니다.

당근 케이크

재료

(지름이 15cm인 원형틀 1개 분량+지름이 6cm인 푸딩
컵 1개 분량)

달걀...2개
첨채당...100g
현미유...120g
플레인 요거트...30g
박력분...80g
전립분...80g
베이킹파우더...2분의 1작은술
베이킹소다...2분의 1작은술
소금...약간
시나몬파우더...1작은술
육두구 가루...2분의 1작은술
카르다몬 가루...2분의 1작은술
생 호두...100g
※ 호두가 없으면 아몬드 가루 100g을 사용해도 된다.
당근...120g(껍질을 제외한 무게)
생강(껍질은 제거한다)...5g
건포도...40g

토핑

| 무염 버터...25g
| 첨채당...10g
| 크림치즈...100g

준비

- 달걀과 요거트는 미리 실온에 꺼내 둔다.
- 원형틀의 바닥과 옆면에 오븐 페이퍼를 깐다. 푸딩컵의 바닥과 옆면에 버터(분량 외)를 바른다.
- 생강을 간다.
- 건포도를 뜨거운 물에 살짝 헹군 다음, 물기를 뺀다.
- 오븐을 160°C로 예열한다.

1. (A)호두, 당근은 각각 푸드프로세서에 돌려 잘게 간다.
2. 볼에 달걀을 깨뜨려 넣고, 핸드믹서기의 휘퍼로 부드럽게 푼다. 첨채당을 넣고, 핸드믹서기를 저속으로 돌려 섞은 다음, 첨채당이 잘 섞이면 고속으로 올려 거품을 낸다.
3. 첨채당이 녹고, 휘퍼로 떴을 때 반죽이 걸쭉하게 흘러내리면 핸드믹서기의 휘퍼를 볼 바닥에서 살짝 띄운 상태에서 저속으로 돌려 큰 거품이 사라질 때까지 2분 정도 섞는다.
4. 현미유와 요거트를 붓고 잘 섞는다.
5. (B)박력분, 전립분, 베이킹파우더, 베이킹소다, 소금, 향신료를 합쳐 체에 내려서 넣는다.
6. (C)1의 호두와 당근, 간 생강을 넣고, 부드러워질 때까지 실리콘 주걱으로 섞는다.
7. (D)각각의 틀에 절반 분량을 붓고, 표면을 고르게 한 다음, 건포도 3분의 2 정도 되는 분량을 뿌린다. 남은 반죽을 마저 붓고 표면을 고르게 한 다음, (E)남은 건포도를 뿌린다.
8. 160°C의 오븐에 45~50분간(푸딩컵은 20분) 굽는다. 다 구워지면 곧바로 틀에서 꺼내 식힘망에 올려 식힌다. 완전히 식으면 원형틀에 넣었던 오븐 페이퍼를 벗긴다.
9. 토핑을 만든다. 볼에 실온에 미리 꺼내 놓은 버터를 넣고, 실리콘 주걱으로 부드럽게 푼다. 첨채당과 실온에 미리 꺼내 놓은 크림치즈를 넣고, 거품기로 잘 섞는다. (F)완전히 식은 케이크의 윗면에 올리고, 팔레트 나이프로 넓게 펴 바른다.

A

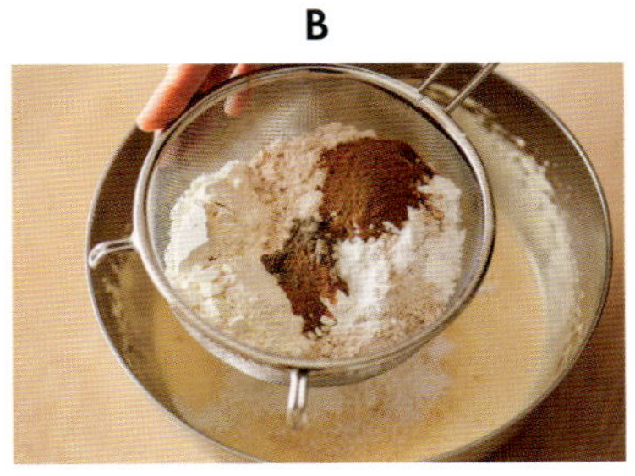

B

C

D

E

F

생 블루베리가 산뜻한 잼처럼 케이크 안에 박혀 있는 케이크로, 여름에 잘 어울립니다.

블루베리 케이크

Summer

106

재료

(18×8×깊이 8cm인 파운드케이크 틀 1개 분량)

무염 버터...80g

현미유...40g

첨채당...100g

달걀...2개

플레인 요거트...30g

박력분...160g

베이킹파우더...4분의 3작은술

블루베리...80g

준비

• 블루베리는 냉동한다
　※열기가 서서히 전달되도록 하기 위해서다.
• 버터, 달걀, 요거트는 실온에 미리 꺼내 둔다.
• 틀에 버터(분량 외)를 바른다.
• 오븐을 160℃로 예열한다.

※ 이 책에서 파운드케이크 틀은 마츠나가 제작소의 MB 파운드 B형을 사용했다. 일반적인 파운드케이크 틀보다 깊으므로 깊지 않은 틀을 사용할 때는 조금 더 큰 파운드 틀을 사용하거나 다 들어가지 않아 남는 반죽을 푸딩컵 등에 넣어 굽는다. 지름이 15cm인 원형틀로 구워도 된다. 테프론 가공이 되어 있지 않은 제품은 오븐 페이퍼를 깔고 사용한다.

1　볼에 버터를 담고, 부드러운 크림 상태가 될 때까지 실리콘 주걱으로 푼다. (A)현미유를 조금씩 넣어 가며 부드러워질 때까지 거품기로 섞는다.

2　첨채당을 한 번에 넣고, 핸드믹서기를 저속으로 돌려 섞은 다음, 첨채당이 섞이면 중속으로 올려 뽀얀 색을 띨 때까지 섞는다.

3　(B)달걀물을 세 번에 나눠 넣고, 그때마다 잘 섞는다. 그런 다음 요거트를 붓고 골고루 섞는다.

4　박력분과 베이킹파우더를 합쳐서 체에 내린 다음, (C)실리콘 주걱으로 부드러워질 때까지 섞는다.

5　(D)틀에 3분의 1 정도 되는 분량을 담고, 숟가락으로 표면을 고르게 한 다음, (E)블루베리 3분의 1 정도 되는 분량을 틀에 닿지 않게 뿌린다(틀에 닿으면 달라붙어서 잘 떨어지지 않게 된다). 남은 반죽의 절반을 넣고 표면을 고르게 한 다음, 남은 블루베리의 절반을 뿌린다. (F)남은 반죽과 블루베리를 같은 방법으로 넣는다.

6　160℃의 오븐에 65분간 굽는다. 다 구워지면 바로 틀을 기울여 꺼내어 식힘망에서 식힌다. 다 식으면 원하는 두께로 나누어 자른다.

A　B　C

D　E　F

여름은 영귤의 상큼한 맛과 향기를 느낄 수 있는 계절입니다. 껍질과 과즙을 모두 이용해 산뜻하게 만들었습니다.

영귤 케이크

재료

(18×8×깊이 8cm인 파운드케이크 틀 1개 분량)

달걀...2개

첨채당...100g

플레인 요거트...20g

강력분...70g

쌀가루...50g

영귤...2개

무염 버터...110g

분당...50g

준비

• 달걀과 요거트는 실온에 미리 꺼내 둔다.

• 틀에 버터(분량 외)를 바른다.

• 영귤은 깨끗이 씻어 두 개 모두 껍질(표면의 녹색 부분만)을 간다. 절반으로 잘라 씨를 제거한 후, 과즙을 짜서 8ml를 계량한다.

• 버터는 중탕으로 녹이고, 식지 않도록 데워 둔다(12쪽의 A 참조).

• 오븐을 160°C로 예열한다.

1 볼에 달걀을 깨뜨려 넣고, 핸드믹서기의 휘퍼로 푼다. 첨채당을 넣고, 핸드믹서기를 저속으로 돌려 섞다가 첨채당이 잘 섞이면 고속으로 올려 거품을 낸다.

2 첨채당이 녹고, (A)휘퍼로 떴을 때 반죽이 걸쭉하게 흘러내리면 핸드믹서기의 휘퍼를 볼 바닥에서 살짝 띄운 상태에서 저속으로 돌려 큰 거품이 사라질 때까지 2분 정도 섞는다.

3 요거트를 넣고 거품기로 잘 섞는다.

4 강력분과 쌀가루를 함께 체에 내려서 넣고, (B)거품기로 퍼 올리면서 볼 전체를 골고루 섞는다.

5 가루가 남지 않으면 (C)간 영귤 껍질의 3분의 2 정도 되는 분량과 녹인 버터를 넣고 반죽이 부드러워질 때까지 실리콘 주걱으로 젓는다.

6 (D)틀에 반죽을 붓고, 표면을 고르게 한 다음, 160°C의 오븐에 45분간 굽는다. 다 구워지면 곧바로 틀을 거꾸로 뒤집어 케이크를 빼낸 다음, 거꾸로인 상태로 식힘망에 올려 식힌다.

7 아이싱을 만든다. (E)볼에 설탕, 영귤 과즙, 남은 영귤 껍질을 넣고, 실리콘 주걱으로 잘 섞는다. (F)완전히 식은 케이크 윗면(틀에서 바닥을 향했던 면)에 올리고 팔레트 나이프로 넓게 펴 바른다. 원하는 두께로 나누어 썬다.

※ 파운드케이크 틀에 대한 설명은 107쪽을 참조한다.

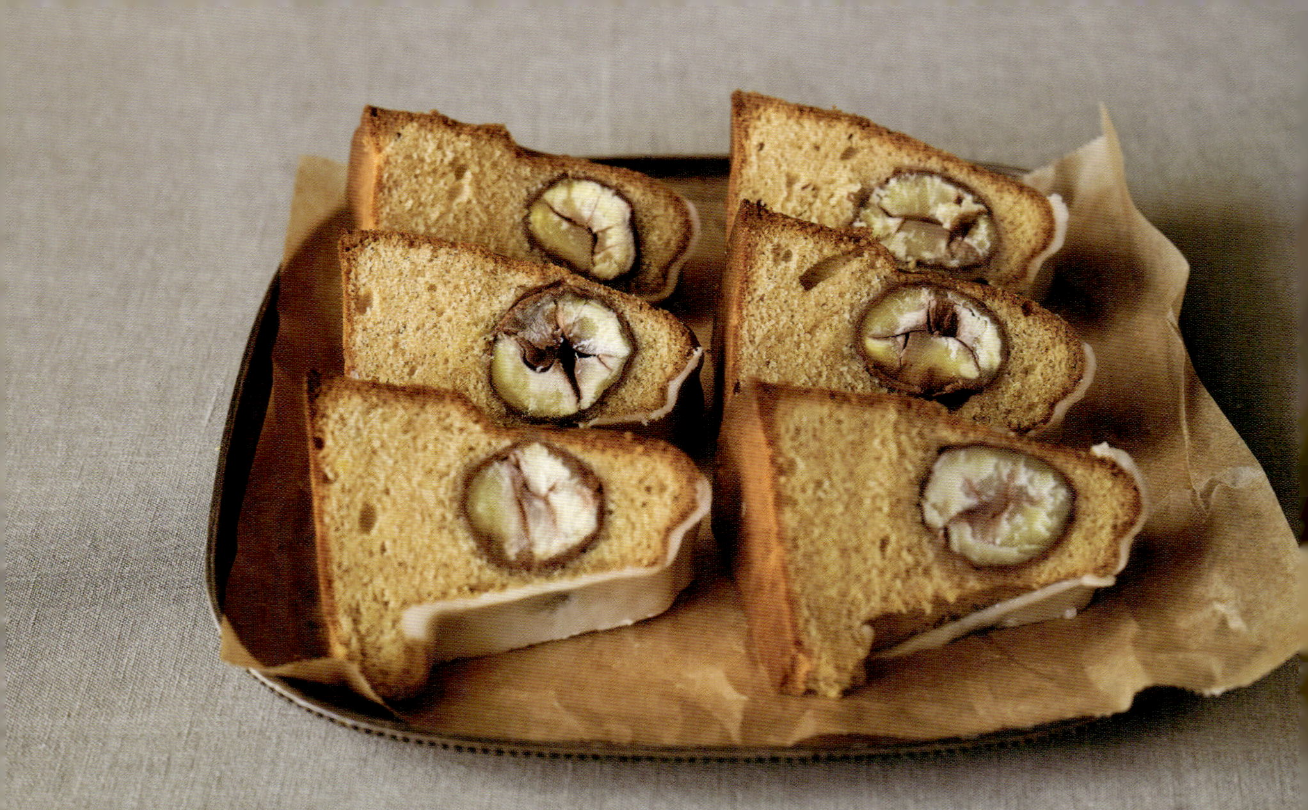

보늬밤 조림을 통째로 넣고, 체에 걸러 반죽에도 섞었습니다. 럼주를 넣은 아이싱이 잘 어울립니다.

밤 케이크

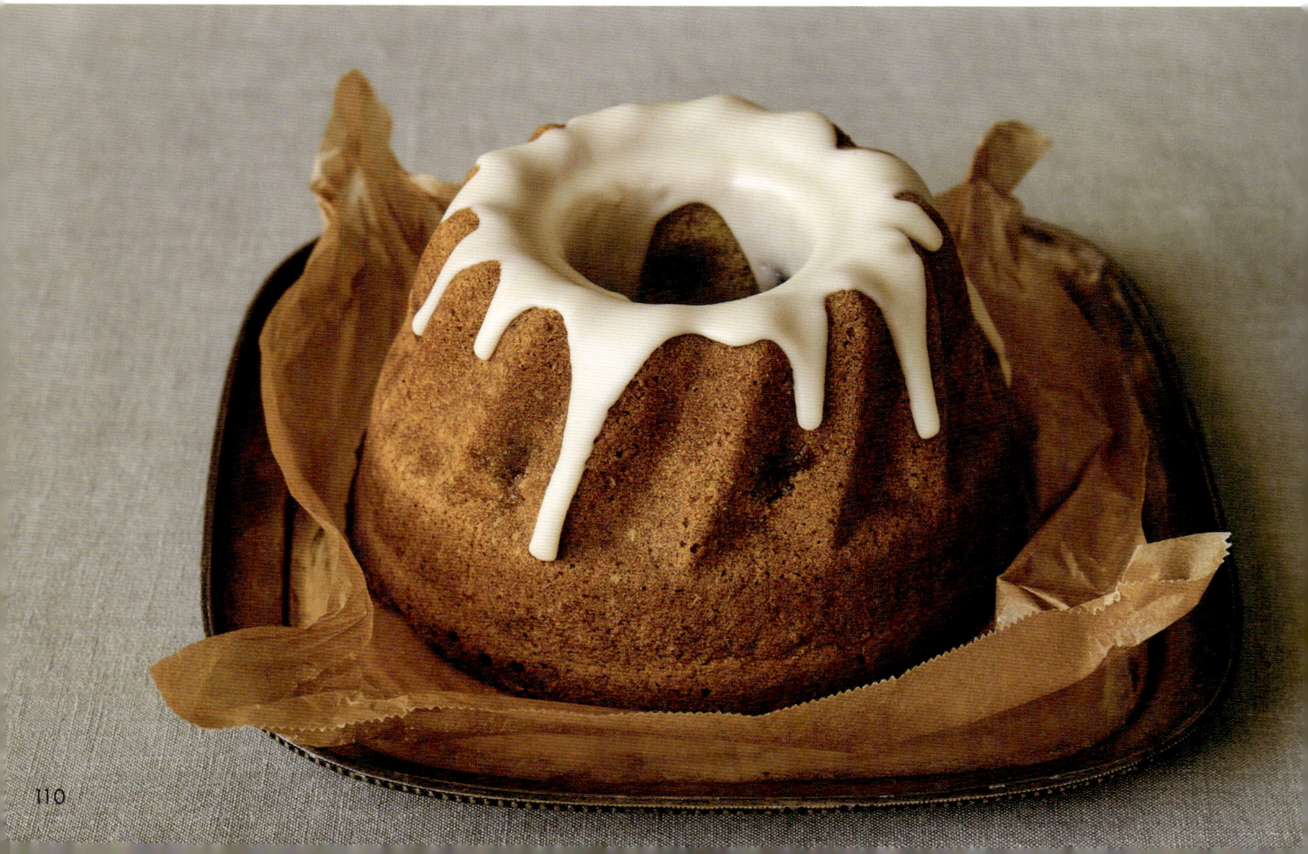

재료

(지름 16×깊이 8.5cm인 구겔호프틀 또는 지름이 15cm
인 원형틀 1개 분량)

무염 버터...90g

현미유...30g

첨채당...100g

달걀...2개

박력분...120g

베이킹파우더...1작은술

보늬밤 조림(128쪽 참조, 뭉개진 것도 괜찮다)...70g

보늬밤 조림...6개

아이싱

| 와산본 설탕...50g

| 럼주...2작은술

준비

• 버터와 달걀은 실온에 꺼내 놓는다.
• 틀에 버터(분량 외)를 바른다.
• (A)보늬밤 조림 70g을 체에 걸러 60g을 계량한다.
• 오븐을 160°C로 예열한다.

※ 구겔호프틀은 테프론 코팅이 되어 있는 제품을 사용
한다.

1 볼에 버터를 넣고, 실리콘 주걱으로 저어 크
   림 상태를 만든다. 현미유를 조금씩 부어 가
   며 부드러워질 때까지 거품기로 섞는다.

2 첨채당을 한꺼번에 넣고 핸드믹서기를 저속
   으로 돌려 섞다가 첨채당이 잘 섞이면 핸드
   믹서기를 중속으로 올려 뽀얀 색을 띨 때까
   지 거품을 낸다.

3 (B)달걀물을 세 번에 나눠 넣고, 그때마다
   잘 섞는다.

4 박력분과 베이킹파우더를 함께 체에 내려서
   넣고, 실리콘 주걱으로 부드러워질 때까지
   젓는다.

5 (C)체에 거른 보늬밤 조림을 넣고 잘 섞
   는다.

6 (D)틀에 절반을 넣고 작업대에 여러 번 내
   리친 후, 숟가락으로 표면을 고르게 한다.
   (E)보늬밤 조림 6개를 끝부분이 아래를 향
   하게 가지런히 올린다. 남은 반죽을 마저 붓
   고, 표면을 고르게 정리한다.

7 160°C의 오븐에 50~60분간 굽는다. 다 구
   워지면 바로 거꾸로 뒤집어 틀에서 꺼낸 다
   음, 식힘망에 올려 식힌다.

8 아이싱을 만든다. (F)볼에 와산본 설탕과 럼
   주를 넣고, 실리콘 주걱으로 섞는다(너무 되
   직할 때는 뜨거운 물을 살짝 넣는다). 완전히 식
   은 케이크 윗면에 아이싱을 뿌리고, 원하는
   두께로 나누어 자른다.

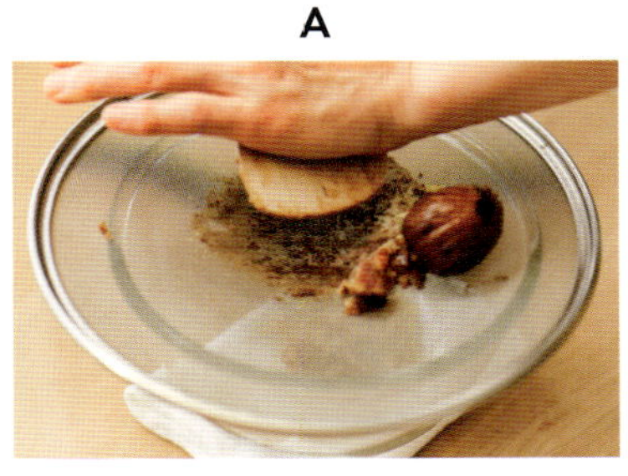

A

B

C

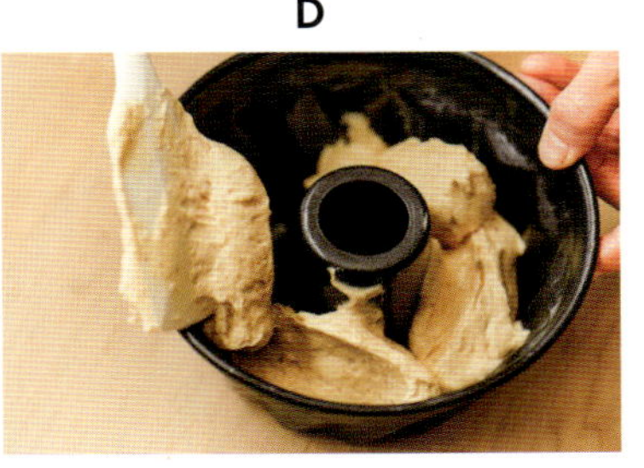

D

E

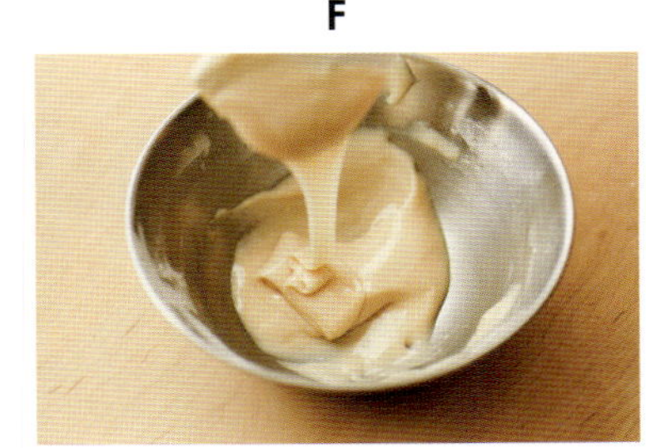

F

단호박에 시나몬파우더와 건포도를 섞어 만든 버터케이크입니다. 맛이 부드러워 간식으로 매일 먹기 좋습니다.

단호박 케이크

Autumn

재료

(18×8×깊이 8cm인 파운드케이크 틀 1개 분량)

달걀...2개

첨채당...90g

강력분...120g

시나몬파우더...2분의 1작은술

단호박...약 4분의 1개

무염 버터...90g

건포도...45g

럼주...1작은술

준비

- 달걀은 실온에 미리 꺼내 둔다.
- 틀에 버터(분량 외)를 바른다.
- 건포도는 뜨거운 물에 살짝 헹군 다음, 물기를 제거하고 럼주를 뿌린다.
- 오븐을 160℃로 예열한다.

1 단호박은 씨와 섬유질을 제거한 후, 큼직하게 깍둑썰기를 한다. 찜기에 넣어 20분간 찐 다음, 부드럽게 익으면 **(A의 왼쪽)**그중에서 90g을 가로세로 1cm 크기로 자른다. **(A의 오른쪽)**나머지는 껍질을 벗긴 다음, 85g을 계량해 볼에 담는다.

2 버터를 중탕으로 녹인 다음, 식지 않도록 따뜻하게 데워 둔다(12쪽 A 참조).

3 볼에 달걀을 깨뜨려 넣고, 핸드믹서기의 휘퍼로 부드럽게 푼다. 여기에 첨채당을 첨가하고, 핸드믹서기를 저속으로 돌려 섞다가 첨채당이 잘 섞이면 고속으로 돌려 거품을 낸다.

4 첨채당이 녹고, **(B)**휘퍼로 떴을 때 반죽이 걸쭉하게 흘러내리면 핸드믹서기의 휘퍼를 볼 바닥에서 살짝 띄운 상태에서 저속으로 돌려 큰 거품이 사라질 때까지 2분 정도 섞는다.

5 강력분과 시나몬파우더를 함께 체에 내려서 넣고, 거품기로 퍼 올리면서 볼 전체를 골고루 섞는다.

6 1에서 계량해 놓은 단호박 85g을 거품기로 적당히 으깬 다음, 녹인 버터를 붓고 잘 섞은 후 **(C)**5의 4분의 1 정도 되는 분량을 넣는다. 잘 섞이도록 충분히 저은 다음, 5의 볼에 넣고 실리콘 주걱으로 섞는다.

7 **(D)**럼주를 뿌린 건포도를 넣고 잘 섞는다.

8 틀에 3분의 1 정도 되는 분량을 넣고, 표면을 고르게 한 다음, **(E)**가로세로 1cm 크기로 자른 단호박의 3분의 1 정도 되는 분량을 뿌린다. 남은 반죽의 절반을 넣고 표면을 고르게 한 다음, 남은 단호박의 절반 분량을 뿌린다. **(F)**남은 반죽과 단호박도 같은 방법으로 넣는다.

9 160℃의 오븐에 45~50분간 굽는다. 다 구워지면 곧바로 틀을 기울여 꺼낸 다음, 식힘망에 올려 식힌다. 식으면 원하는 두께로 나누어 자른다.

※파운드케이크 틀에 대한 설명은 107쪽을 참조한다.

A	B	C
D	E	F

가을에는 반건조 감을 자주 만들어 먹습니다. 캐러멜맛 케이크에 넣으면 더 맛있답니다.

감 캐러멜 케이크

재료

(18×8×깊이 8cm인 파운드케이크 틀 1개 분량)

무염 버터...120g

사탕수수 원당...80g

달걀...2개

박력분...80g

강력분...60g

베이킹파우더...2분의 1작은술

캐러멜 크림(만들기 쉬운 분량)

사탕무 그래뉼러당...50g

물...1작은술

생크림(유지방 함유율 45~47%인 제품)...40ml

반건조 감

감...2와 2분의 1개

사탕무 그래뉼러당...1큰술

준비

- 버터와 달걀은 실온에 미리 꺼내 둔다.
- 오븐팬에 오븐 페이퍼를 깐다.
- 틀에 오븐 페이퍼를 틀보다 조금 높게 올라오도록 깐다.
- 오븐을 100℃로 예열한다.

---

1 반건조 감을 만든다. 감은 껍질을 벗겨 반달 모양으로 12등분한다. 오븐팬에 가지런히 놓고, 사탕무 그래뉼러당을 뿌린다. **(A)**100℃로 예열한 오븐에 30분간 구운 다음, 감을 뒤집어 다시 30분간 굽는다. 한 김 식으면 트레이에 옮겨 담는다.

2 캐러멜 크림을 만든다. 냄비에 사탕무 그래뉼러당과 물을 넣고, 뚜껑을 덮어 약불에 올린다. 사탕무 그래뉼러당이 녹으면서 색을 띠기 시작하면 뚜껑을 열고 가끔 냄비를 살살 흔든다. 전체적으로 갈색빛을 띠면 불을 끈다. 생크림을 조금씩 부어 가며 내열 실리콘 주걱으로 섞은 뒤(33쪽의 J·K 참조), 완전히 식힌다.

3 오븐을 160℃로 예열한다. 볼에 버터를 담고, 실리콘 주걱으로 저어 부드러운 크림 상태를 만든다.

4 **(B)**사탕수수 원당을 한꺼번에 넣고 핸드믹서기를 저속으로 돌려 섞다가 사탕수수 원당이 잘 섞이면 중속으로 올려 뽀얀 색을 띨 때까지 섞는다.

5 달걀물을 여섯 번에 나눠 넣고, 그때마다 잘 섞는다.

6 **(C)**캐러멜 크림 40g을 계량해서 넣고 잘 섞는다.

7 **(D)**박력분, 강력분, 베이킹파우더를 함께 체에 내려서 넣고, 부드러워질 때까지 실리콘 주걱으로 섞는다.

8 틀에 반죽의 4분의 1 정도 되는 분량을 넣고 숟가락 뒷면을 이용해 표면을 고르게 한 다음, **(E)**반건조 감 8조각을 가지런히 올린다. 남은 반죽의 3분의 1 정도 되는 분량을 넣고 표면을 고르게 한 다음, 감 8조각을 올린다. 남은 반죽의 절반을 넣고, 마찬가지로 감을 올린 다음, **(F)**남은 반죽과 감을 같은 방법으로 넣는다.

9 160℃의 오븐에 60분간 굽는다. 다 구워지면 곧바로 틀에서 꺼내어 식힘망에 올려 식힌다. 완전히 식으면 오븐 페이퍼를 벗기고, 원하는 두께로 나누어 자른다.

※ 반건조 감은 그대로 먹어도 맛있다.
※ 파운드케이크 틀에 대한 설명은 107쪽을 참조한다.

A

B

C

D

E

F

홍옥 사과는 껍질을 벗기지 않고 그대로 콩포트로 만듭니다.
케이크를 자르면 귀여운 빨간 사과가 모습을 드러내
선물용으로도 인기가 많습니다.

홍옥 사과 케이크

재료

(지름이 15cm인 원형틀 1개 분량)

무염 버터…120g
첨채당…100g
달걀…2개
박력분…140g
베이킹파우더…1작은술
시나몬파우더…2분의 1작은술

사과 콩포트

사과(홍옥)…2개
사탕무 그래뉼러당…20g
레몬즙…2작은술

아이싱

와산본 설탕…30g
콩포트 시럽…1작은술

준비

- 127쪽을 참조해 사과 콩포트를 만든다. 재료를 전자레인지에 넣어 4분간 돌리고, 뒤집어서 다시 3분 30초 돌린 후 냉장실에 넣어 차갑게 식힌다.
- 버터와 달걀은 미리 실온에 꺼내 둔다.
- 틀의 바닥과 옆면에 오븐 페이퍼를 깐다.
- 오븐을 160°C로 예열한다.

1. 볼에 버터를 넣고, 실리콘 주걱으로 저어 크림 상태를 만든다.
2. 사탕수수 원당을 한꺼번에 붓고 핸드믹서기를 저속으로 돌려 섞다가 사탕수수 원당이 잘 섞이면 중속으로 올려 뽀얀 색을 띨 때까지 섞는다.
3. 달걀물을 세 번에 나눠 넣고, 그때마다 잘 섞는다.
4. 박력분, 베이킹파우더, 시나몬파우더를 함께 체에 내려서 넣고, 실리콘 주걱으로 부드러워질 때까지 섞는다.
5. 볼에 체를 얹고(4에서 쓴 체를 사용한다), 사과 콩포트 2~3조각(약 40g)을 넣는다. **(A·B)** 실리콘 주걱으로 사과 콩포트를 으깨어 퓌레 상태로 만든 다음, 4에 넣고 섞는다.
6. 틀에 반죽 절반을 넣고, 숟가락 뒷면을 이용해 표면을 고르게 다듬는다. **(C)**사과 콩포트를 바깥쪽에서부터 두 겹으로 빙 두른다(가운데 부분은 비워 둔다). 남은 반죽을 넣고 표면을 고르게 정리한 후, **(D)**남은 사과를 반으로 잘라 올린다.
7. 160°C의 오븐에 60~70분간 굽는다. 다 구워지면 곧바로 틀에서 꺼내 식힘망에 올려 식힌다. 케이크가 식으면 오븐 페이퍼를 벗긴다.
8. 아이싱을 만든다. **(E)**볼에 와산본 설탕과 콩포트 시럽을 넣고, 실리콘 주걱으로 섞는다(너무 되직할 때는 뜨거운 물을 살짝 넣는다). **(F)** 완전히 식은 케이크 위에 아이싱을 숟가락으로 떠서 뿌린다. 원하는 두께로 나누어 자른다.

A

B

C

D

E

F

유자 케이크

Winter

재료

(18×8×깊이 8cm인 파운드케이크 틀 1개 분량)

달걀...2개
첨채당...90g
플레인 요거트...20g
강력분...120g
유자...1개
무염 버터...110g
분당...60g

준비

- 달걀과 요거트는 실온에 미리 꺼내 둔다.
- 틀에 버터(분량 외)를 바른다.
- (A·B)유자는 깨끗이 씻어 필러로 껍질을 얇게 벗겨 가늘게 채 썰고, 과즙을 짜서 2작은술을 계량한다.
- 버터는 중탕으로 녹인 다음, 식지 않도록 따뜻하게 데워 둔다(12쪽의 A 참조).
- 오븐을 160℃로 예열한다.

1 볼에 달걀을 깨뜨려 넣고, 핸드믹서기의 휘퍼로 부드럽게 푼다. 첨채당을 넣고 핸드믹서기를 저속으로 돌려 섞다가 첨채당이 잘 섞이면 고속으로 올려 거품을 낸다.

2 첨채당이 녹고, 휘퍼로 떴을 때 반죽이 걸쭉하게 흘러내리면 핸드믹서기의 휘퍼를 볼 바닥에서 살짝 띄운 상태에서 저속으로 돌려 큰 거품이 사라질 때까지 2분 정도 섞는다.

3 요거트를 넣고 거품기로 섞는다.

4 강력분을 체에 내려서 넣고, (C)거품기로 퍼 올리면서 반죽 전체를 바닥부터 골고루 섞는다.

5 가루가 남지 않으면 (D)유자 껍질과 녹인 버터를 넣고, 반죽이 부드러워질 때까지 실리콘 주걱으로 젓는다.

6 (E)틀에 반죽을 붓고 표면을 고르게 정리한 뒤, 160℃의 오븐에 45분간 굽는다. 다 구워지면 곧바로 틀을 기울여 꺼낸 다음, 식힘망에 올려 식힌다.

7 아이싱을 만든다. 볼에 분당과 유자 과즙을 넣고 실리콘 주걱으로 섞는다. (F)아이싱을 숟가락으로 떠서 완전히 식은 케이크 윗면에 뿌린다. 원하는 두께로 나누어 자른다.

※ 파운드케이크 틀에 대한 설명은 107쪽을 참조한다.

A	B	C

D	E	F
		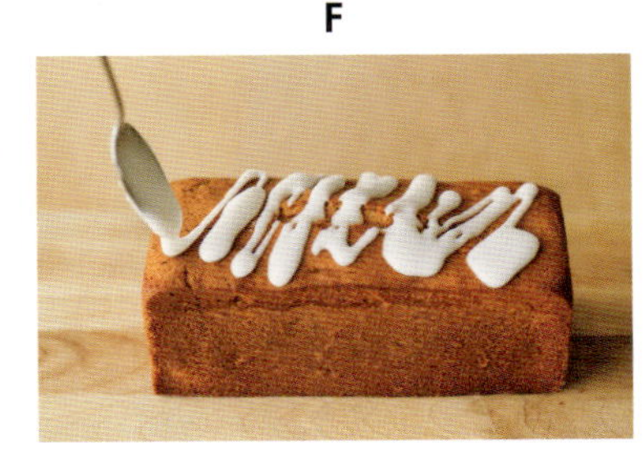

신선한 국산 레몬의 수확 시기가 다가오면 해마다 레몬 껍질을 졸이느라 바쁩니다.
레몬 필을 잘게 다져서 아몬드 가루를 넣은 케이크 반죽에 함께 넣어 보세요.

레몬 필 케이크

Winter

재료

(18×8×깊이 8cm인 파운드케이크 틀 1개 분량)

무염 버터...120g

사탕수수 원당...90g

소금...약간

달걀...2개

박력분...120g

아몬드 가루...60g

베이킹파우더...2분의 1작은술

플레인 요거트...30g

간 레몬 껍질(국산 무농약)...1개 분량

레몬 필(130쪽 참조)...120g

화이트초콜릿(제과용)...40g

장식용 레몬 필...2~3개

준비

• 버터, 달걀, 요거트는 실온에 미리 꺼내 둔다.
• 틀에 오븐 페이퍼를 틀보다 조금 높게 올라오도록 깐다.
• (A)레몬 필 120g을 잘게 다진다.
• 오븐을 160℃로 예열한다.

1 볼에 버터를 넣고 실리콘 주걱으로 저어 부드러운 크림 상태를 만든다.

2 사탕수수 원당을 한꺼번에 넣고 핸드믹서기를 저속으로 돌려 섞다가 사탕수수 원당이 잘 섞이면 핸드믹서기를 중속으로 올려 뽀얀 색을 띨 때까지 섞는다. 그런 다음 소금을 넣고 다시 섞는다.

3 (B)달걀물을 여섯 번에 나눠 넣고, 그때마다 잘 섞는다.

4 박력분, 아몬드 가루, 베이킹파우더를 함께 체에 내려서 넣고, 실리콘 주걱으로 부드러워질 때까지 젓는다.

5 (C·D)요거트, 레몬 껍질, 레몬 필을 넣고 섞는다.

6 (E)반죽을 틀에 넣고, 숟가락 뒷면을 이용해 표면을 고르게 한 다음, 160℃의 오븐에 55~60분간 굽는다. 다 구워지면 틀에서 바로 꺼낸 다음, 식힘망에 올려 식히고, 완전히 식으면 오븐 페이퍼를 벗긴다.

7 화이트초콜릿을 볼에 담아 중탕으로 녹인다. (F)숟가락으로 떠서 완전히 식은 케이크 윗면에 뿌리고, 장식용 레몬 필을 작게 잘라 올린 다음, 원하는 두께로 자른다.

※ 파운드케이크 틀에 대한 설명은 107쪽을 참조한다.

A

B

C

D

E

F

WRAPPING

케이크 포장하기

케이크나 과자를 만들면 다른 사람들에게 선물하고 싶어집니다.
저에게 "받은 사람이 먹고 싶은 마음이 들게 포장하라"라고 가르쳐 준 사람이 있는데,
그 말이 이해가 갔습니다.

종이로 싸기

오븐 페이퍼는 물기를 흡수하지 않는 데다 케이크 모양에 맞춰 자를 수 있어 어떤 케이크든지 잘 감쌀 수 있습니다. 케이크를 종이로 싸서 상자에 넣으면 운반하거나 꺼내기도 쉽고, 나누어 먹기도 편해 방문 선물로 좋습니다.

작은 봉투에 담기

적당한 크기로 자른 케이크는 마르지 않도록 OPP 필름으로 만든 포장 봉투에 넣습니다. 봉투 겉면에 라벨 스티커를 붙이거나 상자나 바구니에 담아 선물합니다. 쿠키는 봉투 한 장에 여러 개씩 나누어 담으면 편합니다.

상자에 꽉 채워 담기

케이크를 운반할 때는 너무 큰 상자에 담지 않는 것이 좋습니다. 케이크에 딱 맞는 크기의 상자를 고르고, 케이크 사이의 빈틈에 종이 냅킨을 접어 넣거나 보냉제를 키친 타월로 싸서 살짝 숨겨 놓거나 합니다.

케이크를 통째로 포장해 선물하기

케이크를 통째로 포장할 때는 펼치기 쉽도록 셀로판지를 이용해 '캐러멜식 포장법'으로 포장해서 상자나 바구니에 담은 후 리본을 두르거나 마 끈으로 묶습니다. 두껍고 튼튼한 상자에 담으면 케이크가 뭉개질 걱정을 하지 않아도 됩니다.

제철 과일로 만든 콩포트와 잼

끓이면 앵두가 익으면서 케이크와도 잘 어울리는 맛이 됩니다.

앵두 콩포트

재료(만들기 쉬운 분량)

앵두...24알
※ 사토니시키 앵두나 빙체리 등 좋아하는 과일을 사용한다.
물...200ml
사탕무 그래뉼러당...80g
레몬즙...2작은술
키르슈바서(취향껏)...2작은술

1 앵두는 깨끗이 씻어 씨 제거기로 씨를 뺀다. 씨 제거기가 없을 때는 끝이 가늘고 뾰족한 칼로 씨를 도려낸다.

2 냄비에 물, 사탕무 그래뉼러당, 레몬즙, 취향에 따라 키르슈바서를 넣고 중불에 올려 끓여 잘 섞는다. 1을 넣고 오븐 페이퍼로 오토시부타(조림을 만들 때 재료에 직접 올리는 덮개로, 재료가 뭉개지지 않게 하고 간이 골고루 배게 하는 효과가 있다. 나무 제품이 일반적이지만, 오븐 페이퍼를 냄비보다 조금 작은 원 모양으로 자르고 군데군데 구멍을 뚫어 사용할 수도 있다 - 옮긴이 주)를 만들어 덮고 약불에서 10분 정도 끓인 후 불을 끈다.

3 한 김 식으면 용기에 옮겨 담아 냉장실에서 식힌다.

※ 냉장실에서 일주일 정도 보관할 수 있다.

시럽까지 온통 복숭아색으로 물듭니다. 차갑게 식혀 그대로 먹어도 맛있습니다.

복숭아 콩포트

재료(만들기 쉬운 분량)

복숭아...2개
사탕무 그래뉼러당...40g
레몬즙...1작은술

1 복숭아는 깨끗이 씻고, 옴폭한 부분을 따라 칼끝이 씨에 닿도록 칼을 깊이 찔러 넣은 다음, 그대로 한 바퀴 돌려 칼집을 낸다. 손으로 비틀어 복숭아를 반으로 쪼갠 다음, 작은 숟가락 등을 이용해 씨를 빼낸다. 복숭아를 다시 세로 방향으로 반으로 자른다.

2 껍질을 벗기지 않은 복숭아를 내열 볼에 담고, 사탕무 그래뉼러당과 레몬즙을 넣는다. 랩을 헐렁하게 씌워 전자레인지에 3분 30초 돌린다. 볼을 다시 꺼내어 실리콘 주걱으로 복숭아를 살살 뒤집은 후, 다시 랩을 씌워 전자레인지에 3분 30초간 돌린다.

3 공기가 닿지 않도록 복숭아 표면에 다시 랩을 씌운다. 한 김 식으면 냉장실에 넣어 식힌다.

※ 냉장실에서 일주일 정도 보관할 수 있다.

살구 콩포트는 살구와 시럽을 담은 병을
쪄서 가열하면 쉽게 무르지 않습니다.

살구잼과 살구 콩포트

살구잼

재료(만들기 쉬운 분량)

살구...600g
사탕무 그래뉼러당...적당량

준비

- 잼을 담을 병은 깨끗이 씻어 예열하지 않은 오븐에 넣고 160°C에서 10분간 건조시킨다.
- 뚜껑은 냄비에 열탕 소독한다.

1 살구는 깨끗이 씻어 물기를 제거한 후, 옴폭한 부분을 따라 칼끝이 씨에 닿도록 칼을 깊이 찔러 넣은 다음, 그대로 한 바퀴 돌려 칼집을 낸다. 손으로 비틀어 살구를 반으로 쪼갠 다음, 씨를 빼고 다시 반으로 자른다. 살구를 계량하고, 그 절반에 해당하는 사탕무 그래뉼러당을 준비한다.

2 냄비에 살구와 사탕무 그래뉼러당을 넣고, 약한 중불에 올린다. **(A)**수분이 나오면서 살구가 물러져서 걸쭉해질 때까지 약 20분간 졸인다.

3 아직 뜨거운 상태에서 병에 담고, 뚜껑을 꽉 닫은 후(장갑을 끼고 한다), 병을 거꾸로 세워 식힌다. 한 김 식으면 냉장실에 넣어 보관한다.

※ 뜨거운 병에 뜨거운 잼을 담아 거꾸로 세워 두면 식으면서 공기가 빠져나와 진공 상태가 된다.
※ 냉장실에서 일 년 정도 보관할 수 있다.

살구 콩포트

재료(만들기 쉬운 분량)

살구...600g
물...600ml
사탕무 그래뉼러당...300g

1 냄비에 물을 부어 불에 올렸다가 물이 끓으면 불을 끈다. 사탕무 그래뉼러당을 넣고, 잘 섞어서 녹인다. 다시 냄비를 불에 올리고, 끓으면 불에서 내린다.

2 살구는 '살구잼'의 1과 같은 방법으로 잘라 병에 담는다. **(B)**1을 살구가 잠길 정도로 부은 다음, 뚜껑을 살짝 닫는다. 병을 물이 끓는 상태의 찜기에 넣고, 약불에서 15분 정도 찐다.

3 불을 끄고 병을 꺼내어(장갑을 끼고 한다) 뚜껑을 꽉 닫은 후, **(C)**병을 거꾸로 세워 식힌다. 한 김 식으면 냉장실에 넣어 보관한다.

※ 콩포트를 담을 병은 찜기의 크기에 맞춰 준비한다. 작은 병 여러 개에 담아 만들면 나중에 사용하기 더 편하다.
※ 개봉하지 않은 상태로는 냉장실에서 일 년간 보관할 수 있지만, 개봉한 후에는 일주일 안에 다 먹도록 한다.

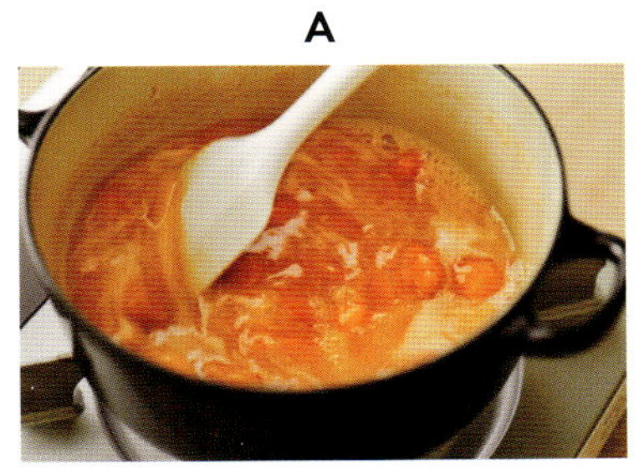

A

B

C

진하고 부드러운 식감이 케이크에 잘 어울립니다.

서양배 콩포트

재료(만들기 쉬운 분량)

서양배...1개 반 분량
사탕무 그래뉼러당...20g
레몬즙...약간
포아르 윌리엄(서양배 리큐어)...1작은술

1 서양배는 껍질을 벗겨 4등분한 후, 심을 제거한다. 200g을 계량해서 내열 볼에 담고, 사탕무 그래뉼러당과 레몬즙, 취향에 따라 포아르 윌리엄을 첨가한다. 랩을 헐렁하게 씌워 전자레인지에 2분간 돌린다.

2 전자레인지에서 볼을 꺼내어 실리콘 주걱으로 서양배를 살살 뒤집는다. 랩을 다시 씌워 전자레인지에 2분 30초간 돌린다.

3 공기가 닿지 않게 랩을 다시 씌우고, 한 김 식으면 냉장실에 넣어 식힌다.

※ 냉장실에 5일 정도 보관할 수 있다.
※ 리큐어는 취향껏 넣는다. 키르슈바서나 럼주를 넣어도 잘 어울린다.
※ 냄비로 만들 때는 127쪽의 사과 콩포트와 같은 방법으로 만드는데, 키르슈바서 대신 포아르 윌리엄을 넣는다.

촉촉한 과육과 알알이 씹히는 씨의 대조적인 식감이 재미있습니다.

무화과잼

재료(만들기 쉬운 분량)

무화과(껍질을 벗긴다)...300g
사탕무 그래뉼러당...120g
레몬즙...2작은술

1 무화과는 껍질을 벗겨 세로 방향으로 4등분한다.

2 냄비에 무화과, 사탕무 그래뉼러당, 레몬즙을 넣고 약한 중불에 올린다. 걸쭉해질 때까지 10분 정도 끓인다.

※ 무화과는 껍질을 벗기지 않아도 된다. 껍질을 벗기지 않은 채로 끓이면 잼이 더 진해지고, 껍질을 벗겨 끓이면 좀 더 깔끔한 맛의 잼이 만들어진다.
※ 설탕이 비교적 적게 들어가므로 냉장실에 보관하고 2주 안에 다 먹도록 한다.

홍옥 사과는 껍질을 그대로 두고,
다른 품종의 사과는 껍질을 벗겨 같은 방
법으로 끓입니다.

사과 콩포트

Autumn

재료(만들기 쉬운 분량)

사과(홍옥 등)...1개
사탕무 그래뉼러당...20g
레몬즙...약간

1 사과는 깨끗이 씻어 8등분으로 잘라 가운데
  심을 제거한다. 200g을 계량해 내열 볼에
  담고, 사탕무 그래뉼러당과 레몬즙을 첨가
  한다. (A)랩을 헐렁하게 씌운 채로 전자레
  인지에 3분간 돌린다.

2 볼을 꺼내 실리콘 주걱으로 위아래를 살살
  뒤집는다. 다시 랩을 씌워 전자레인지에 2
  분 더 돌린다.

3 (B)공기가 닿지 않도록 랩을 다시 씌우고,
  한 김 식으면 냉장실에 넣어 식힌다.

※ 냉장실에 5일 정도 보관할 수 있다.

냄비로 만드는 방법

냄비에 물 100ml를 담아 끓인 후, 불을 끄고 사탕
무 그래뉼러당 40g과 레몬즙 약간, 취향에 따라
키르슈바서 1작은술을 첨가한다. 냄비를 다시 불
에 올리고, 잘 섞으면서 다시 끓인다. 여기에 사과
를 넣고, 오븐 페이퍼로 오토시부타를 만들어 덮
고, 약불에 15분 정도 끓인다. 사과를 반대로 뒤
집어 5분간 더 끓인 후 불을 끈다. 한 김 식으면
냉장실에 넣어 식힌다.

A

B

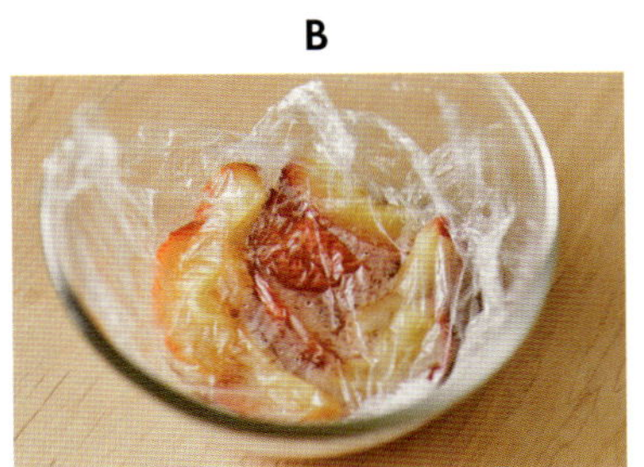

한번 시도해 보세요. 분명 재미있을 겁니다
그렇게 하면 더욱 즐거워질 거예요.

보늬밤 조림

Autumn

재료(만들기 쉬운 분량)

밤...500g(껍질을 벗기지 않은 것)
베이킹소다...1작은술

시럽

> 물...600ml
> 사탕무 그래뉼러당...300g

1 냄비에 물을 끓인 후, 불을 끈다. 밤을 다섯 개씩 넣었다가 3분이 지나면 꺼낸다. (A)밤의 겉껍질을 식칼로 조심스레 벗긴 다음, 찬 물을 담은 볼에 넣는다. 나머지 밤도 같은 방법으로 한다.

2 밤을 냄비에 담고, 밤이 잠길 정도로 물을 부어 약불에 올린다. 불이 끓으면 베이킹소다를 넣고 10분 정도 삶는다.

3 냄비째 싱크대로 옮긴다. (B)밤을 삶은 물이 남아 있는 냄비에 미지근한 물을 계속 흘려 보내면서 밤의 굵은 심을 제거하고 깨끗이 씻어서 미지근한 물을 새로 받은 볼에 차례차례 넣는다.

4 다른 냄비에 새로 미지근한 물을 받아 3의 밤을 넣고 약불에서 약 10분간 삶는다.

5 3·4의 과정을 두 번 더 반복한 후, 다른 냄비에 새로 미지근한 물을 받아 밤을 넣고, 밤이 부드러워질 때까지 약불에서 1시간 정도 삶는다.

6 시럽을 만든다. 다른 냄비에 물과 사탕무 그래뉼러당 100g을 넣고, 중불에 올려 끓인다.

7 불을 끄고 5의 밤을 건져 넣은 다음, 그대로 하룻밤 둔다(첫날).

8 다음 날에 냄비를 다시 불에 올렸다가 김이 나면 불에서 내린다. (C)여기에 사탕무 그래뉼러당 100g을 넣어 하룻밤 둔다(둘째 날).

9 그다음 날에 다시 냄비를 불에 올렸다가 김이 나면 불에서 내린다. 여기에 사탕무 그래뉼러당 100g을 넣어 하룻밤 둔다(셋째 날).

10 그다음 날에 냄비를 다시 불에 올렸다가 김이 나면 불에서 내려 그대로 하룻밤 둔다(넷째 날).

11 그다음 날에 깨끗한 병이나 보관 용기에 시럽째 담아(다섯째 날) 냉장실에 보관한다.

※ 냉장실에 1주일 정도 보관할 수 있다.
※ 장기 보관하고 싶을 때는 깨끗한 병을 준비해(125쪽의 살구잼 참조) 병이 아직 뜨거운 상태에서 뜨거운 밤과 시럽을 병에 가득 붓고 뚜껑을 꽉 닫은 후, 병을 거꾸로 뒤집은 상태에서 식힌다. 그런 다음 한 김 식으면 냉장실에 보관한다. 이렇게 하면 3개월 정도 보관할 수 있다.

A

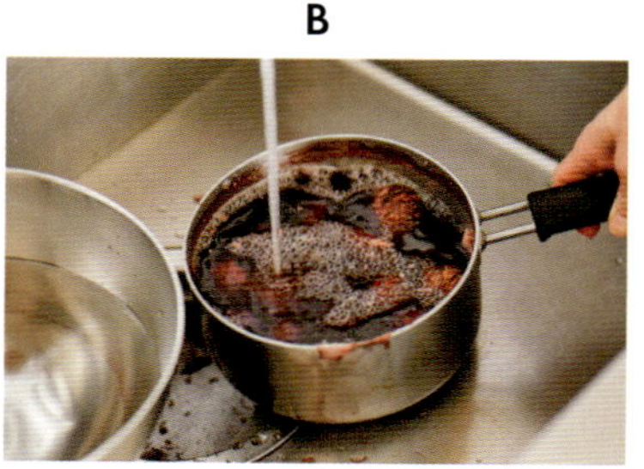

B

C

설탕을 넣어 윤기 나게 졸인 유자 필입니다.
남은 과육은 잼으로 만드세요.

유자 필과 유자잼

Winter

재료(만들기 쉬운 분량)

유자...1개
사탕무 그래뉼러당...적당량

유자 필

1. **(A)**유자는 깨끗이 씻어 세로 방향으로 8등분한 다음, 껍질을 벗긴다. 과육은 따로 담아 두었다가 잼을 만든다.
2. 껍질의 하얀 섬유질 부분을 식칼로 얇게 잘라 내어 제거한 다음, **(B)**껍질을 가늘게 채 썬다. 껍질을 계량한 다음, 같은 양의 사탕무 그래뉼러당을 준비한다.
3. 냄비에 2의 껍질을 넣고 껍질이 잠길 정도로 물을 부어 중불에 올린 다음, 끓으면 껍질을 체에 건지고 물은 버린다. 껍질을 냄비에 다시 넣고, 껍질이 충분히 잠길 정도의 물과 사탕무 그래뉼러당을 넣고, 윤기가 날 때까지 약불에서 약 10분간 졸인 후 불을 끈다. 완전히 식으면 깨끗한 병이나 보관 용기에 담고, 공기가 닿지 않도록 표면에 랩을 씌워 냉장실에 보관한다.

※ 냉장실에 약 한 달간 보관할 수 있다.

유자잼

1. 따로 담아 둔 유자 과육은 속껍질을 벗기지 않고, 한쪽을 반으로 잘라 씨를 제거한다. 과육을 계량한 후, 같은 양의 사탕무 그래뉼러당을 준비한다.
2. 과육을 냄비에 넣고, 과육이 충분히 잠길 정도로 물을 부어 중불에 올린다. **(C)**과육이 부드러워지면 사탕무 그래뉼러당을 넣고, 약 5분간 끓인다.

※ 냉장실에 보관하고 2주 안에 먹도록 한다.

A	B	C

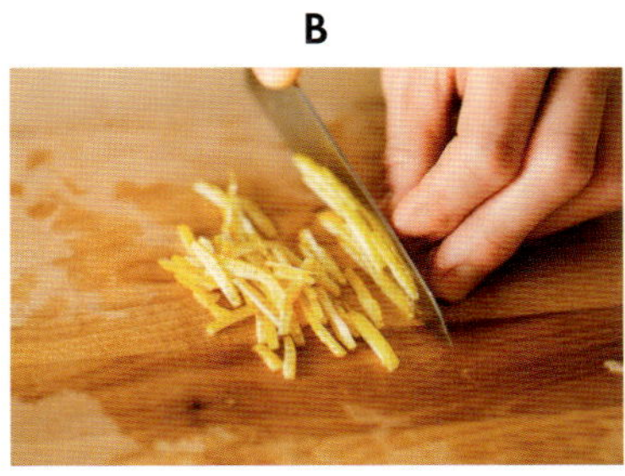

레몬 필

Winter

재료(만들기 쉬운 분량)

레몬(국산 무농약)...2개
사탕무 그래뉼러당...적당량
레몬즙...1작은술

1 레몬은 깨끗이 씻어 세로 방향으로 8등분
한다. **(A)**식칼로 과육과 하얀 섬유질 부분
을 잘라 내고, 껍질을 2~3조각으로 자른다.
껍질을 계량하고, 껍질 무게의 1.5배만큼 사
탕무 그래뉼러당을 준비한다.

2 냄비에 1의 껍질을 넣고, 껍질이 잠길 정도
로 물을 부어 중불에 올린다. 물이 끓으면 껍
질만 체로 건지고 남은 물은 버린다. 껍질을
다시 냄비에 넣고, 껍질이 잠길 만큼 물을 새
로 부어 중불에 올린 후, 물이 끓으면 껍질을
체로 건지고 물은 버린다.

3 냄비에 껍질을 넣고 껍질이 살짝 잠길 정도
만 물을 부은 다음, 껍질이 말랑말랑해질 때
까지 약불에서 1시간 정도 끓인다.

4 껍질을 체로 건지고 물을 버린 다음, 껍질을
다시 냄비에 넣고 껍질이 잠길 만큼 물을 부
어 중불에 올린다. 물이 끓으면 불을 끄고,
(B)사탕무 그래뉼러당의 4분의 1 정도 되
는 분량을 넣는다. 오븐 페이퍼로 오토시부
타를 만들어 그대로 덮은 채로 하룻밤 둔다
(첫날).

5 다음 날에 냄비를 다시 불에 올렸다가 끓으
면 불을 끈 다음, 남은 사탕무 그래뉼러당의
3분의 1 정도 되는 분량을 넣는다. 다시 오
토시부타를 덮어 하룻밤 둔다(둘째 날).

6 그다음 날에도 냄비를 불에 올렸다가 끓으
면 불을 끄고, 남은 사탕무 그래뉼러당의 절
반을 넣는다. 오토시부타를 덮어 하룻밤 둔
다(셋째 날).

7 그다음 날에도 냄비를 불에 올렸다가 끓으
면 불을 끄고, 남은 사탕무 그래뉼러당을 넣
는다. 오토시부타를 덮고, 그대로 하룻밤 둔
다(넷째 날).

8 **(C·다섯째 날)**그다음 날에도 냄비를 불에 올
렸다가 끓으면 불을 약하게 줄이고, 레몬즙
을 넣어 살짝 졸인 다음 불을 끈다. 완전히
식으면 깨끗한 병이나 보관 용기에 담고, 공
기가 닿지 않도록 랩을 씌운 후, 냉장실에 보
관한다.

※ 냉장실에 한 달 정도 보관할 수 있다.
※ 크림치즈와 함께 먹거나 녹인 화이트초콜릿에 담가
먹어도 맛있다.

A

B

C

Tools 도구

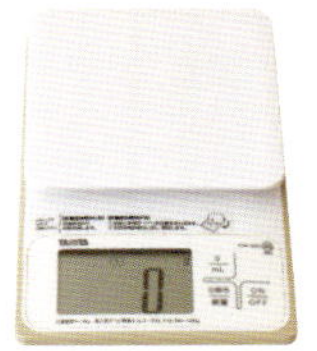

저울

1g 단위로 잴 수 있는 디지털 저울이 편리하다.

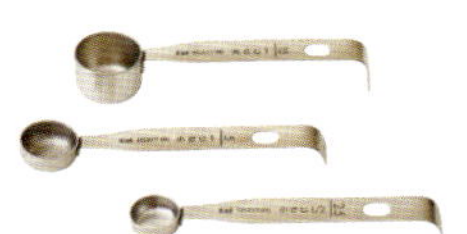

계량스푼

1큰술은 15ml, 1작은술은 5ml다. 2분의 1작은술인 2.5ml짜리 계량스푼도 있다.

계량컵

용량이 200~250ml인 계량컵을 하나 준비한다.

볼

소·중·대 사이즈의 스테인리스 볼과 지름이 16cm 정도 되는 내열 볼이 있으면 편리하다.

거품기

길이가 25cm 정도인 제품이 쓰기 편하다.

핸드믹서기

달걀이나 생크림을 거품 낼 때나 머랭을 만들 때 쓴다.

실리콘 주걱

냄비에 든 재료를 섞을 때도 사용할 수 있는 내열 제품이 좋다.

팔레트 나이프

주로 크림을 바를 때 사용한다. 길이가 25cm 정도인 제품이 쓰기 편하다.

체

가루를 체에 내리거나 반죽을 으깰 때 사용한다.

스크레이퍼

파이 반죽을 자를 때 사용한다. 스펀지케이크 반죽의 표면을 고르게 할 때도 사용하면 편하다.

요리붓

쇼트케이크를 만들 스펀지케이크에 시럽을 바를 때 사용한다.

밀대와 반죽판

밀대는 지름 3cm, 길이 45cm 정도인 제품이 반죽을 밀기 편하다. 반죽판이 없을 때는 큰 도마를 사용해도 된다.

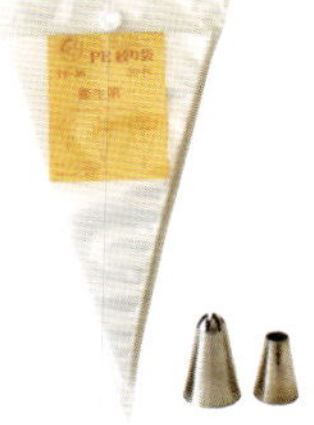

깍지와 짤주머니

쇼트케이크에는 원형 깍지 8~10호, 별 깍지 8발·10호가 사용하기 편하다. 짤주머니에 깍지를 끼워 사용한다.

오븐 페이퍼

틀이나 오븐팬에 깔아 사용하는 종이로, 실리콘 수지 코팅이 되어 있다.

실리콘 매트

내열 제품으로, 반복해서 쓸 수 있다. 오븐팬에 깔아 구우면 반죽이 얼룩지지 않고 고르게 구워진다.

※ 이 책에서는 실팻(SILPAT) 실리콘 매트를 사용하지만, 다른 제품을 써도 된다.

트레이

반죽을 담아 냉장실에 넣어 휴지하거나 손질한 과일을 담아 두거나 하는 식으로 다양하게 쓰인다.

누름돌

타르트 반죽을 구울 때, 반죽이 부풀지 않도록 누르는 역할을 한다.

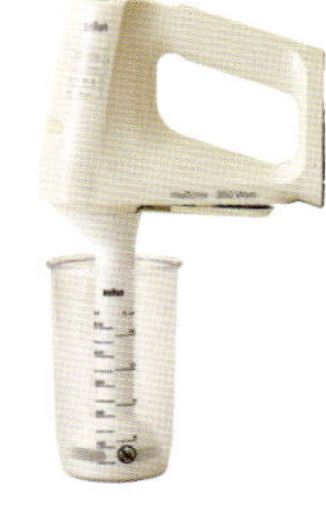

블렌더

과일이나 콩포트를 퓌레 상태로 만들 때 사용한다. 믹서기를 이용해도 된다.

Ingredients 재료

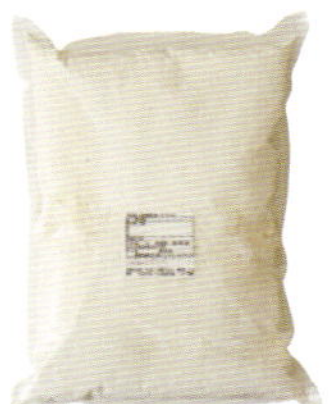

박력분

스펀지케이크를 비롯한 다양한 케이크나 빵을 만들 때 널리 쓰이는 밀가루다.

강력분

파이 반죽이나 구움 과자 등을 만들 때 사용한다. 반죽을 늘릴 때 뿌리는 덧가루로도 쓰인다.

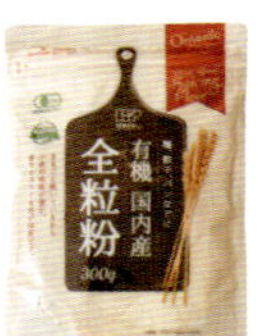

전립분

밀기울이나 배아를 제거하지 않고 밀알을 통째로 빻아 만든 가루다. 박력분 타입을 사용한다.

쌀가루

쌀을 곱게 빻아 가루로 만든 것이다. 스펀지케이크나 파운드케이크 등을 만들 때 사용한다.

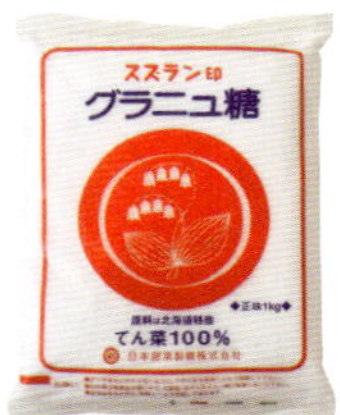

사탕무 그래뉴러당

사탕무로 만든 그래뉴러당으로, 산뜻한 단맛을 낸다. 사탕무 그래뉴러당이 없을 때는 일반 그래뉴러당을 써도 된다.

첨채당

사탕무로 만든 설탕으로, 부드러운 단맛을 낸다. 첨채당이 없을 때는 상백당(백설탕)을 써도 된다.

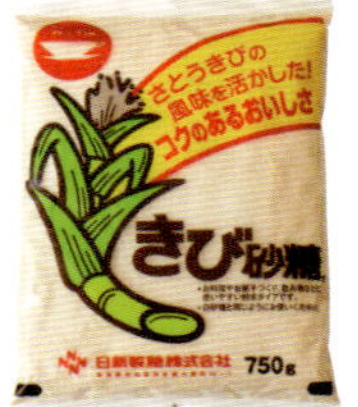

사탕수수 원당

사탕수수에서 추출한 당분으로, 옅은 갈색빛을 띤다. 깊은 풍미를 내고 싶을 때 사용한다.

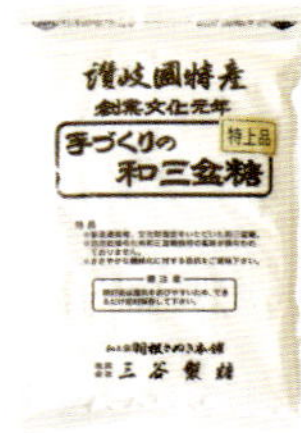

와산본 설탕

주로 타르트 반죽을 만들 때 사용한다. 고급스러운 풍미를 낸다. 와산본 설탕이 없을 때는 분당을 사용한다.

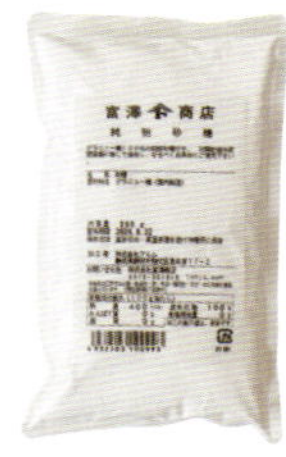

분당

분말 설탕으로, 반죽에 잘 섞이므로 아이싱이나 타르트 반죽 등을 만들 때 사용한다.

벌꿀

베이킹에는 맛이 튀지 않는 아카시아꿀이나 귤꽃꿀 등을 사용하는 것이 좋다.

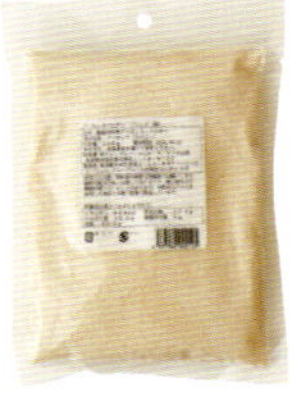

아몬드 가루

아몬드를 빻아 가루로 만든 제품으로, 타르트에 들어가는 아몬드 크림 등을 만들 때 사용한다.

소금

베이킹에는 잘 녹는 분말 제품이 좋다. 소금을 넣으면 전체적인 맛을 끌어올리고, 단맛이 더 진해진다.

베이킹파우더

팽창제다. 되도록 알루미늄 성분이 들어있지 않은 제품을 고른다.

베이킹소다

탄산수소나트륨으로, 부풀리는 힘이 강해 수분이 많은 반죽에 사용한다. 밤을 삶을 때 떫은맛을 없애기 위해 넣기도 한다.

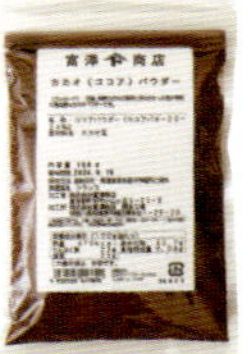

코코아파우더

베이킹을 할 때는 설탕이나 우유가 들어가지 않은 제품을 선택한다.

말차

16쪽의 쇼트케이크를 만들 때 사용한다. 차로 묽게 우렸을 때, 맛이 좋은 제품을 선택한다.

달걀

이 책에서는 L 사이즈(껍질을 제외한 전란의 무게 55~60g)를 사용한다. 신선한 달걀을 쓰도록 한다.

현미유

쉽게 산화되지 않으며, 깔끔한 맛을 낸다. 현미유가 없을 때는 샐러드유를 대신 사용해도 된다.

무염 버터

식염이 들지 않은 버터로, 신선한 것을 사용한다.

생크림

유지방 함유율이 45~47%인 동물성 생크림을 사용하면 진하고 깊은 맛을 낸다.

우유

가공되지 않은 원유 100%의 신선한 우유를 사용한다.

플레인 요거트

부드럽고 지방 함량이 너무 높지 않은 제품을 쓰는 것이 좋다.

크림치즈

산뜻하고 맛이 튀지 않는 제품을 추천한다.

바닐라빈

깍지 안에 든 작은 검은색 씨를 긁어내어 깍지와 씨를 모두 사용한다.

제과용 초콜릿

카카오 함량이나 우유 성분의 배합에 따라 밀크초콜릿, 스위트 초콜릿 등으로 나뉜다. 카카오 함량이 55~60%인 제품을 쓰는 것이 좋다.

제과용 화이트초콜릿

카카오매스를 넣지 않고 카카오버터와 우유, 설탕 등으로 만든 흰색 초콜릿이다. 판 초콜릿이 쓰기 편하다.

견과류

왼쪽부터 아몬드 슬라이스, 호두, 피스타치오다. 피스타치오 사진에서 왼쪽은 겉껍질과 속껍질을 모두 벗긴 것이다. 굽지 않은 생 견과류를 사용한다.

건포도

맛이 튀지 않고 과일 느낌이 잘 나는 술타나 건포도를 사용한다. 뜨거운 물에 살짝 헹궈서 사용한다.

백앙금

시판 제품을 사용한다. 슈퍼마켓이나 제과제빵 용품점에서 판매하며, 화과자 가게에서 팔기도 한다.

리큐어

왼쪽부터 럼주, 키르슈바서(체리로 만든 술), 포아르 윌리엄(서양배로 만든 술), 오렌지 리큐어, 아마레토(살구씨로 만든 술)로, 반죽에 풍미를 더한다.

Index 과일별 색인

지은이 _ **혼마 세츠코**本間節子

디저트 연구가이자 일본차 전문가다. 자택에서 작은 디저트 공방인 아틀리에 에이치(atelier h)를 운영하고 있다. 계절감과 식재료 본연의 맛을 잘 살린 건강한 디저트를 개발하고 있다. 디저트에 어울리는 음료나 차에도 조예가 깊다. 잡지나 책에 레시피를 소개하고, 일본차 관련 행사나 강연회에 참여하는 등 다양한 영역에서 활동하고 있다.
지은 책으로는 한국에서 출간된《도쿄식 홈카페》, 일본에서 출간된《일본차로 만드는 산뜻한 디저트日本茶のさわやかスイーツ》《호지차 디저트ほうじ茶のお菓子》《디저트를 만들다-계절을 즐기는 82가지 레시피お菓子をつくる季節を楽しむ82レシピ》《부드럽게 녹는 깜찍한 젤리やわらかとろける いとしのゼリ》등이 있다.

https://atelierh.jp
Instagram @hommatelierh

옮긴이 _ **황 세 정**

이화여자대학교 식품영양학과를 졸업했으며, 동 대학 통역번역대학원 일본어 번역과 석사를 취득했다. 취미 삼아 시작한 일본어에 푹 빠져 번역가의 길을 선택했다. 번역서 같지 않다는 말을 최고의 칭찬으로 여기며 오늘도 자연스러운 문장을 만들기 위해 힘쓰고 있다. 현재 엔터스코리아 출판 기획 및 일본어 전문 번역가로 활동 중이다.

옮긴 책으로는《고독한 미식가의 먹는 노트》《후쿠오카 팡 스톡의 장시간 발효 빵》《처음 만들어도 맛있는 홈베이킹》《평범한 빵이 화려하게 변신하는 마법의 빵》《오이시이 빵》《참 쉽게 만드는 글라스자 케이크》《잼 콩포트 시럽》등이 있다.

atelier h　季節の果物とケーキ
©SETSUKO HOMMA 2024
Originally published in Japan by Shufunotomo Co., Ltd.
Translation rights arranged with Shufunotomo Co., Ltd.
Through Shinwon Agency Co., Ltd.

과일 케이크 레시피
디저트 공방 atelier h

초판 1쇄 발행 2025년 4월 30일

지은이 혼마 세츠코
옮긴이 황세정
펴낸곳 ㈜에스제이더블유인터내셔널
펴낸이 양홍걸 이시원

홈페이지 siwonbooks.com
블로그·인스타·페이스북 siwonbooks
주소 서울시 영등포구 영신로 166 시원스쿨
구입 문의 02)2014-8151
고객센터 02)6409-0878

ISBN 979-11-6150-973-0 (13590)